LINDA TELLINGTON-JONES

VERTRAUEN — STÄRKEN

MIT TELLINGTON TRAINING

MIT KOSMOS MEHR ENTDECKEN

TTOUCH & BODENARBEIT

SEIT 1822

KOSMOS

INHALT

Lege dein Herz in deine Hände …

… und deine Hände auf dein Pferd. Als die Tellington-Methode und die TTouches Ende der 1980er-Jahre in der Pferdezeitschrift Reiter Revue International erstmals vorgestellt wurde, probierten sie viele Menschen aus und stellten fest, dass eine neue Form der Partnerschaft und tiefe Verbindung zum Pferd entstehen konnte.

TELLINGTON-TRAINING UND -TTOUCH

In manchen Reiterkreisen galt und gilt auch heute noch, dass man Pferde mit Berührungen „verziehen" oder „verhätscheln" würde. Diese Einschätzung teile ich nicht. Beim TTouch handelt es sich um kreisende, hebende und streichende Berührungen, durch die beim Pferd tiefes Vertrauen entsteht – dies berichten Menschen, die die TTouches gerade erst an ihren Pferden ausprobiert haben. Mit TTouch entsteht eine Herz-zu-Herz-, Zelle-zu-Zelle- und Seele-zu-Seele-Verbindung. Das Pferd durch einfache Bodenhindernisse im Lernparcours zu führen, erzeugt eine Veränderung der Aufmerksamkeit und des Gefühls für den eigenen Körper, das sich auch auf die Leistungsfähigkeit und den Kooperationswillen beim Reiten positiv auswirkt. Dies kann sich schon nach wenigen Minuten Training einstellen.

GLEICHGEWICHT, GEDULD UND GEDANKEN

Wenn ich dem Pferd in einer geduldigen und klaren Weise zeige, was ich möchte, kann ich ein neues Vertrauensniveau erreichen. Ich werde oft gefragt, wie ich so viel Geduld aufbringen kann. Wenn eine Aufgabe nicht gelingt, dann wiederhole ich sie nicht endlos oder frage mit mehr Druck, bis das Pferd nachgibt – wie es oft üblich ist –, sondern ich kehre zu einem Trainingsschritt zurück, der einfacher ist, damit das Pferd erfolgreich sein kann. Danach probiere ich die ursprüngliche Lektion erneut.

Meine Aufmerksamkeit, meine Atmung, meine Haltung, alles hat eine Wirkung auf das Pferd, aber auch meine Gedanken. Sich vorzustellen, wie eine Übung aussehen soll, hat eine enorme Wirkung. Zur Tellington-Methode gehört es auch, das Pferd zu beobachten: Wie steht es und welche Körper-

TIPP

Erkenne jedes Pferd als Individuum an.

Genieße das Zusammensein mit deinem Pferd.

Vergib dir selbst und deinem Pferd, wenn etwas nicht gelingt.

haltung nimmt es ein? Wenn ich einem Pferd zeige, welche Haltung ich mir von ihm wünsche, damit es in ein physisches Gleichgewicht kommt, werden dadurch auch seine Gefühle und das mentale Gleichgewicht positiv beeinflusst. Mit diesem Buch zu arbeiten und die TTouches und die Bodenarbeit auszuprobieren, wird dich zu einer neuen Art von Partnerschaft bringen, mit der ihr gemeinsam wachsen könnt.

Als ich im Alter von 13 Jahren Jungpferde trainierte, lernte ich, dass es nichts bringt, frustriert oder ärgerlich mit einem Pferd zu arbeiten. Denke an etwas, was dir Freude macht oder an etwas, für das du dankbar bist. An erster Stelle steht die Sicherheit für dich und dein Pferd. Wenn du dich unwohl fühlst, verändere die Situation und mache nur etwas, mit dem du dich sicher fühlst.

Dankbarkeit hat eine erstaunliche Wirkung, um Angst zu überwinden. Und auch Lächeln hat eine magische Wirkung. Wenn du an etwas denkst, das dich zum Strahlen bringt, aktiviert das das Serotonin, das Wohlfühl-Hormon.

Ein weiterer Tipp: Wenn du das Verhalten und die Leistung deines Pferdes beeinflussen möchtest, ist es wichtig, dir vorzustellen, wie das Verhalten und die Haltung des Pferdes sein soll.

Ich bin sehr dankbar zu erleben, dass viele Menschen Elemente der Tellington-Methode in ihr Training übernehmen. Ein Beispiel ist das Führen durch das Labyrinth, das das Pferd viel effektiver aufwärmt und fokussiert als das übliche Longieren. Nur fünf bis zehn Minuten Körperarbeit und fünf Minuten im Labyrinth sind ein guter Start vor dem Reiten. Probiere es aus!

Linda Tellington-Jones

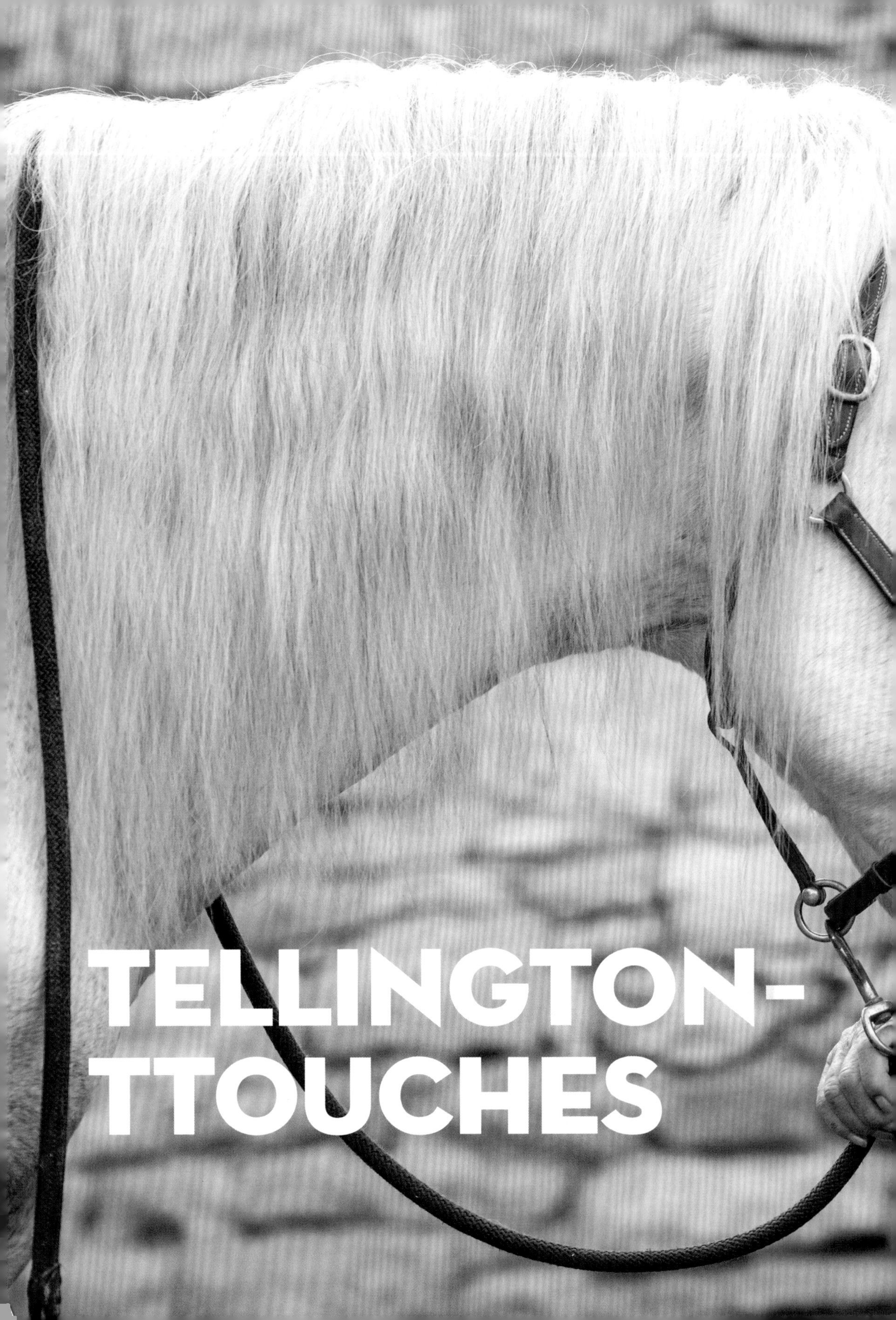

TELLINGTON-TTOUCHES

Tellington TTouch

TELLINGTON-TTOUCH

Die von Linda Tellington-Jones entwickelte Körperarbeit wird Tellington-TTouch genannt. Das zweite „T“ im Wort TTouch steht für „trust“, also für Vertrauen.

Sanfter Kontakt mit deinen Händen

Tellington-TTouches sind angenehm sanfte Berührungen mit den Händen. Sie vertiefen das Vertrauen, fördern die Entspannung und verbessern das Leistungs- und Lernvermögen deines Pferdes.

Nonverbale Sprache

Mit TTouch knüpfst du eine tiefe Verbindung zu deinem Pferd.

WIE WIRKT DIE TTOUCH-KÖRPERARBEIT?

Die Tellington-TTouch-Körperarbeit, kurz genannt „Ti-Touch", besteht aus kreisenden, hebenden und streichenden Bewegungen, die am Körper des Pferdes ausgeführt werden.
Sie verändern das Verhalten, verbessern das Wohlbefinden und stärken die Beziehung zwischen dir und deinem Pferd.
TTouch ist wie eine nonverbale Sprache, die die Verbindung vertieft. Mit nur ein paar Minuten TTouch pro Tag kannst du erstaunliche positive Persönlichkeits- und Verhaltensveränderungen erzielen und die Gesundheit auf sanfte Art unterstützen.
Das Ziel der TTouch-Körperarbeit ist es, die Lebenskraft und Funktion der Körperzellen zu aktivieren, deren „Intelligenz zu wecken", um eine körperliche und mentale Balance herzustellen. Daraus ergibt sich ein gegenseitiges Verstehen. Dein Pferd wird dir mehr und mehr vertrauen und im positiven Sinne selbstbewusster werden.
TTouch bewirkt eine Stimulierung der Selbstheilungskräfte und der Lernfähigkeit. Studien der Neurologin Anna Wise zeigen, dass während der Ausführung der Eineinviertel-Kreisbewegungen des TTouch-Basis-Kreises am Menschen Gehirnwellenmuster messbar werden, wie sie auch in einem idealen Lernzustand entstehen, und zwar bei demjenigen, der behandelt wird, und beim Behandler selbst.
Biophysiker Maxwell Cade und Anna Wise nennen diesen idealen Lernzustand „Awakened-Mind-State", was man als „hellwacher Geisteszustand" übersetzen kann. Die Forscher fanden diesen Zustand bei Menschen, die man als Genies bezeichnet, also Menschen, die mental mehr leisten als der

Empathie, Aufmerksamkeit und Respekt verbessern die Beziehung.

Durchschnittsmensch. Der „Awakened-Mind-State" ist die ideale Aktivierung aller vier Gehirnwellen, genannt Beta, Alpha, Theta und Delta, und zwar symmetrisch auf beide Großhirnhemisphären verteilt.

Weitere Studien der Biophysikerin Anna Wise an Pferden zeigten ebenfalls die Aktivierung aller vier Gehirnwellen beider Hemisphären des Gehirns während der Ausführung des TTouches.

1985 ergaben die Studien russischer Tierärzte am Bitza Olympia Center in Moskau eine Reduzierung von Stresshormonen unter der Anwendung von TTouch an Sportpferden.

DIE PHILOSOPHIE

- Wir achten jedes Tier und sehen es als Lehrer für uns und unser Leben.
- Wir setzen uns für Harmonie, Verständnis und Vertrauen ein – zwischen Mensch und Tier sowie zwischen Menschen untereinander.
- Wir respektieren und wertschätzen die Persönlichkeit jedes Tieres und jedes Menschen sowie deren individuelle Art und Weise, zu lernen und sich zu entwickeln.

TTOUCH FÖRDERT DIE INTELLIGENZ

Der TTouch wirkt, anders als eine Massage, nicht nur entspannend, sondern er regt auch die Intelligenz des Tieres an. Eine Definition von Intelli-

Die goldene Regel

Pferde haben eigene Gefühle und eine eigene Persönlichkeit. Ein wichtiger Grundsatz lautet: Behandle dein Pferd, wie du selbst gern behandelt werden möchtest.

genz lautet: „Intelligenz ist die Fähigkeit, sich neuen Situationen gut anpassen zu können." Auf dem Weg zu dieser Form von Intelligenz kann TTouch wertvolle Dienste leisten. Tiere haben genau wie wir von Zeit zu Zeit Stress und Aufregung in ihrem Leben. TTouch ist ein wunderbares Werkzeug, um die Auswirkungen von Stress abzumildern und das Tier in einen entspannten, aufnahmefähigen und lernbereiten Zustand zu versetzen.

Dieser Zustand hilft Mensch und Pferd, mit neuen Situationen weitestgehend stressfrei umgehen zu können. Dies ist die Grundlage für ein ruhiges und harmonisches Miteinander.

Mit TTouch baust du ein tiefes, gegenseitiges Vertrauen auf. Mit einem Pferd, das dir vertraut und dem du vertraust, kannst du „durch dick und dünn gehen".

Das Pferd bekommt ein intensiveres Körperbewusstsein und fühlt sich wohler. TTouches helfen bei Angst, Nervosität und Verspannungen. Einige der TTouches sehen wie Massagegriffe aus, sie werden jedoch sehr viel sanfter ausgeführt, da wir die Zellkommunikation anregen möchten. Die Intention, also die Absicht und Zielsetzung von Tellington-Touch ist es, die Zellen zu aktivieren und deren Kommunikation untereinander zu fördern. Die Zelle an sich ist ein Wunderwerk, sie besitzt eine eigene Intelligenz.

Jede Zelle „weiß" genau, wo sie im Körper hingehört und welche Aufgaben sie hat. Mit TTouch geht es uns darum, genau diese Zellintelligenz zu unterstützen. Ich nenne es „Das elektrische Licht im Körper anknipsen" mit dem Ziel, das körpereigene Potenzial zur Genesung und zum effektiven Lernen zur vollen Entfaltung zu bringen.

Die neun TTouch-Elemente

Wir haben neun Grundlagen zusammengefasst, die für die Anwendung der TTouches entscheidend sind. Wenn du diese Elemente verinnerlichst, schaffst du dir die Basis, um mit TTouch erfolgreich zu sein.

1. DER TTOUCH-BASISKREIS

Die Hand bewegt die Haut aktiv, sie rutscht nicht darüber, wie es oft vermutet wird. Stelle dir dazu das Zifferblatt einer Uhr auf der Haut vor: Du beginnst bei 6 Uhr (also unten) und bewegst die Haut einmal im Uhrzeigersinn herum und dann weiter bis auf 9 Uhr. So entsteht der Eineinviertel-TTouch-Basiskreis. Die kreisenden TTouches werden in der Regel im Uhrzeigersinn ausgeführt. Achte darauf, in welcher Richtung du die TTouch-Kreise ausführst. Wenn sich dein Pferd nicht so wohl dabei fühlt, versuche die andere Richtung oder verändere die Druckstärke, das Tempo oder den TTouch.

2. DIE DRUCKSTÄRKEN-SKALA

Die Druckstärken des TTouch werden in einer Skala von 1 bis 10 eingeteilt. Beginne mit der Druckstärke 1, dem leichtesten Kontakt, mit dem du gerade noch die Haut bewegen kannst, ohne darüber zu rutschen.

Druckstärke 1

Damit du ein Gefühl für die Stärke bekommst, stütze den Ellbogen mit deiner Hand ab, lege den Daumen zur Unterstützung auf deine Wange und bewege mit dem Mittelfinger die zarte Haut direkt unter deinem Auge so leicht wie möglich in einem Eineinviertel-TTouch-Kreis. Dabei gleitet der Finger nicht über die Haut, sondern bewegt sie im Kreis. Wiederhole dann einige TTouches mit derselben Stärke auf deinem Unterarm und beobachte, wie gering bei dieser Druckstärke die entstandene Delle in der Haut ist.

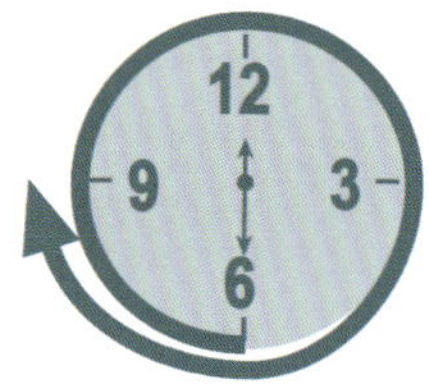

Druckstärke 3

Die Druckstärke 3 erfährst du an dir selbst, indem du unter deinem Auge

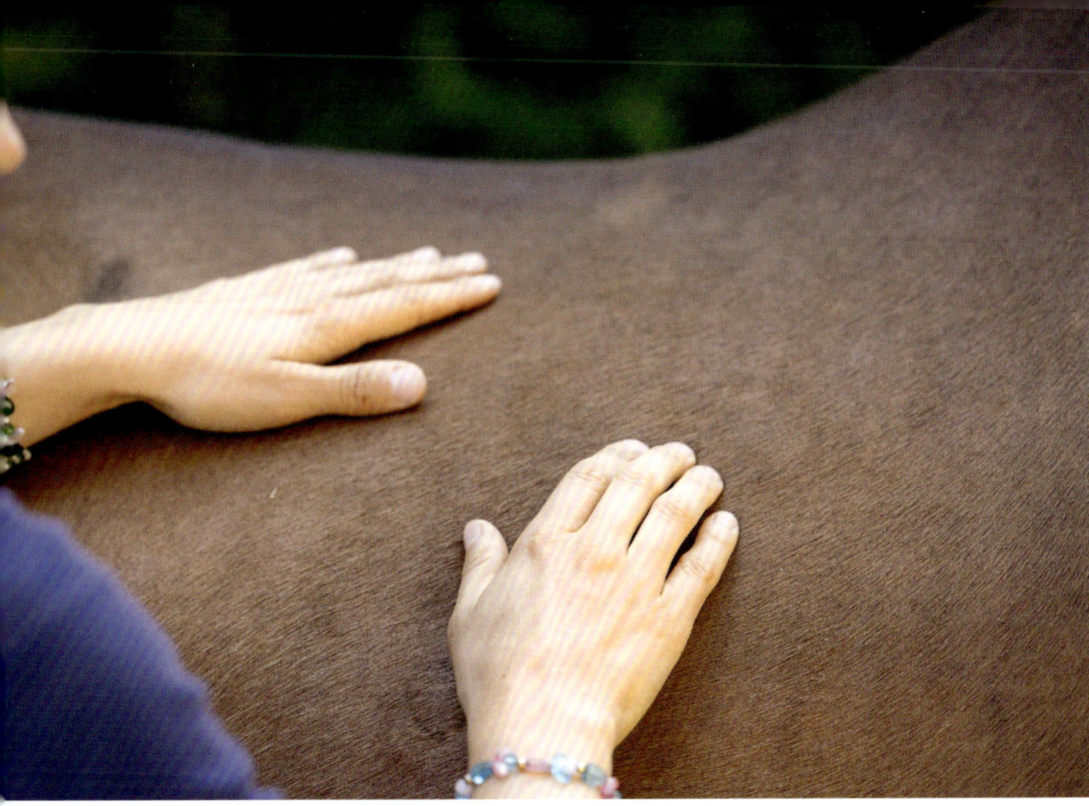

TTouches erzeugen einen entspannten, aufnahmefähigen und lernbereiten Zustand.

mehrere Kreise mit so viel Druck ausübst, sodass du den Wangenknochen deutlich spüren kannst, und zwar so, dass es sich immer noch sicher und angenehm anfühlt – wobei du auch hier zur Unterstützung den Daumen auf die Wange legst. Wiederhole die Kreise wie zuvor auf dem Unterarm und betrachten die Delle jetzt. Es fühlt sich immer noch nach wenig Druck an. Dies ist ein Druck der Stärke 3. Führe nun an deinem Oberarm die Druckstärke 1 aus und vergleiche diese mit der Druckstärke 3. Achte auf den Unterschied: Druckstärke 2 liegt genau dazwischen. Wenn du dich fragst, wie so wenig Druck eine Wirkung haben kann, ist die Erklärung, dass es unsere Absicht ist, die Zellen zu beeinflussen, weniger die Muskulatur.

3. GESCHWINDIGKEIT

Die Dauer einer Kreisbewegung liegt zwischen einer und drei Sekunden. Zum Aktivieren sind schnellere Kreise sinnvoll, zum Beruhigen langsamere. Bei akuten Verletzungen können TTouches von einer Sekunde sehr effektiv sein, um Schwellungen zu vermeiden und Schmerzen zu reduzieren.

4. ACHTSAME PAUSE

Nach einigen TTouches erfolgt eine achtsame Pause, die es dem Körper des Pferdes erlaubt, das Gefühl und

Probiere die **Druckstärke** aus, bis du die richtige für dich und dein Pferd herausgefunden hast. Bei Schmerzen oder Entzündungen sollte man mit einem leichten Druck der Stärke 1 oder 2 arbeiten. Wenn dir die verschiedenen TTouches erst einmal vertraut sind, wirst du instinktiv wissen, welche du anwenden kannst.

Wenn du dein Pferd am ganzen Körper ttouchst, bietet es sich an, in Linien von einem TTouch zum nächsten zu gleiten, also den Kontakt zu halten.

die Verbindung, die durch jeden einzelnen TTouch entsteht, zu verarbeiten, zu vertiefen und zu integrieren.

5. VERBINDUNG DER TTOUCHES

Die kreisenden TTouches werden nicht mehrmals auf der gleichen Stelle ausgeführt, sondern mit einem achtsamen Weitergleiten der Hand in Linien über den Körper verbunden. So wird eine ganzheitliche Behandlung erreicht, die beim Pferd das Gefühl der Verbundenheit erzeugt. Bei Verletzungen und Schmerzen werden die TTouch-Kreise nicht verbunden.

6. KÖRPERPOSITION DES MENSCHEN

Tellington-TTouches werden am Pferd im Stehen angewendet. Finde eine bequeme Körperhaltung, in der du entspannt ttouchen kannst. Achte bei der Körperarbeit darauf, dass deine Füße etwa hüftbreit auseinanderstehen und du mit leicht gebeugten Knien stehst. Benutze beide Hände beim TTouchen. Die eine Hand führt die Eineinviertel-Kreisbewegung aus und die andere liegt auf dem Fell, sorgt für eine Verbindung zwischen den Händen und dem Pferd und für Balance.

7. BEWUSSTE ATMUNG

Die bewusste Atmung trägt dazu bei, ruhig und fokussiert zu bleiben. Zudem entspannen sich Nacken, Schulter und der gesamte Körper. Durch bewusste Atmung sind Mensch und Pferd in Einklang. Atme durch die Nase ein und langsam durch den Mund aus, so als würdest du eine Kerze ausblasen. Achte darauf, kein Geräusch zu machen und nicht auf das Pferd zu pusten.

TTouch wird auch als „Kommunikation zwischen den Arten" beschrieben. Da dein Pferd nicht mit Worten kommuniziert, ist es wichtig, seine Körpersprache lesen zu lernen.

8. INTENTION

Die Behandlung erfolgt stets in respektvoller Intention und Absicht. Wir empfehlen, mit der hawaiianischen Philosophie von PONO und PILIKIA zu arbeiten, wenn du eine Verhaltensänderung deines Pferdes bewirken möchtest.

– PONO bedeutet Vollkommenheit, Idealzustand, also das, was schön und gut ist.

– PILIKIA bedeutet Stress, Trauma, Drama, also das, was wir verändern möchten, z. B. den Gesundheitszustand oder Verhaltensweisen des Pferdes.

– PONO: Der erste Schritt zum Erfolg ist, alles über dein Pferd zu notieren, was du an ihm liebst. Denke dabei auch an das kleinste Detail. Schreibe dies auf die Seite von PONO.

– PILIKIA: Danach schreibe auf der Seite von PILIKIA so klar wie möglich die Verhaltensauffälligkeiten und/oder die gesundheitlichen Herausforderungen auf, die du gerne zum Besseren wenden möchtest.

Lerne, dem „Flüstern deines Pferdes zuzuhören".

9. FEEDBACK

Da unsere Pferde nicht reden können, müssen wir auf die kleinen Zeichen achten, die sie uns über Körpersignale geben. Zunächst müssen wir die Zeichen erkennen, die für

- Angst, Scheu,
- Übersensibilität,
- Unaufmerksamkeit,
- Unflexibilität, Lernblockaden,
- Aggression

sprechen, um dann entsprechende TTouch-Maßnahmen zu ergreifen. Zeichen dafür können sein:

- Anhalten der Atmung,
- Erstarren,
- Schweif einklemmen,
- Zucken der Haut,
- Kopf heben,
- Unruhe
- oder andere Signale für Unsicherheit oder Spannung.

Wir sollten auf diese Reaktionen des Pferdes eingehen und daraufhin die Stelle wechseln oder einen anderen TTouch anwenden bzw. Druck und Tempo anpassen, damit schaffen wir eine vertrauensvolle Basis.

SICHERHEIT

– Wenn du weder Pferdetrainer noch Tellington-Practitioner bist, solltest du aus Sicherheitsgründen nur mit deinem eigenen Pferd arbeiten.
– Wenn du dein eigenes Pferd touchst, solltest du es so gut kennen, dass du keine Angst vor plötzlichen, unerwarteten Abwehrreaktionen zu haben brauchst. Sei aber trotzdem vorsichtig.
– Nähere dich von der Seite und beginne von dort aus mit den TTouches.
– Achte auf das Feedback deines Pferdes.
– Reduziere den Druck oder wechsle zu einer anderen Körperstelle, wenn du merkst, dass dein Pferd nervös reagiert.

TTOUCH-ERFOLGS-GEHEIMNIS 1

Sieh das Verhalten oder den Gesundheitszustand deines Pferdes nicht so, wie es ist, sondern so, wie du es gerne haben möchtest!
Tu so, als sei das Erwünschte schon eingetroffen: Fühle genau die Emotionen, die du spüren würdest, wenn du dein Ziel schon erreicht hättest und alles vollkommen wäre. In unserem Fall heißt das, die Glücksgefühle und die Freude jetzt schon zu empfinden, die wir erleben, wenn unser Pferd genau so ist, wie wir es uns wünschen.
Das Verhalten deines Pferdes hängt stark von fünf Elementen ab:
– Deinen Erwartungen
– Deiner eigenen Haltung
– Deiner Klarheit
– Deiner Erwiderung und Reaktion
– Deiner Leitung durch liebevolle Konsequenz
Halte das Bild von deinem vollkommenen Pferd in deinem Herz und in deinen Gedanken. Dies eröffnet deinem Pferd die Chance, genauso zu werden, wie du es dir wünschst.

TTOUCH-ERFOLGS-GEHEIMNIS 2

„Erinnere dich an deine Vollkommenheit".
Wenn du die Gewohnheit entwickelst, dir diesen Satz wieder und wieder vorzusagen, und wenn du deinem Pferd mitteilst, wie wunderbar es ist, und es als vollkommen ansiehst, wird dies eure Beziehung vertiefen und verschönern.
Eine Bauernregel besagt: „Säe 21 Tage eine Tat, und du erntest eine Ge-

Achtsames Atmen sorgt dafür, dass du ruhig, fokussiert und energievoll bleibst. Wenn du so ausatmest, dass dein Pferd dich hören kann, atmet dein Pferd oft auch hörbar aus und entspannt sich sichtlich.

1

Welche TTouches gibt es?

1. TTouches sind kreisende, streichende oder hebende Berührungen, die am ganzen Körper ausgeführt werden.

2. Einige TTouches sind bestimmten Körperteilen zugeordnet, wie zum Beispiel dem Maul, den Ohren, dem Schweif oder den Beinen.

wohnheit!" Wenn wir also 21 Tage lang täglich etwas wiederholen, dann automatisiert es sich, und wir müssen nicht weiter darüber nachdenken. Nimm die kleinen Schritte der Verbesserung wahr und fokussiere dich darauf. Du wirst sehen, dass sie sich dann automatisch häufen.

WELCHE TTOUCH-BERÜHRUNGEN GIBT ES?

Zu den Tellington-TTouches gehören eine Reihe sanfter, kreisförmiger, streichender und hebender Bewegungen der Handfläche und der Finger. Bei der Vorstellung der TTouches findest du Hinweise, wo welche TTouches ausgeführt werden. Manche TTouches werden immer an bestimmten Körperteilen ausgeführt, sie tragen dann auch die Namen der Körperteile, so wie Maul-TTouch oder Schweif-TTouch. Bevor du beginnst, solltest du feststellen, wie es um das Körpergefühl deines Pferdes und sein Vertrauen in Berührungen bestellt ist. Mit TTouch vertiefst du die Verbindung zu deinem Pferd, es wird sicherer, williger und leistungsfähiger. TTouches helfen aber auch bei Verhaltensproblemen, Verspannung oder Krankheiten wie Kolik, Kreuzverschlag und Verletzungen. TTouches haben das Ziel, die Zellfunktion zu aktivieren und das Verständnis und die Kommunikation zwischen Mensch und Pferd zu vertiefen. Die TTouches wirken nicht nur auf die Muskeln, sondern auch auf das Nervensystem und die Persönlichkeit des Pferdes. Bei einem Forschungsprojekt hat sich herausgestellt, dass durch die kreisenden Bewegungen Gehirnwellen messbar werden, die für Lernprozesse charakteristisch sind.

2

EINTEILUNG DER TTOUCHES

Vertrauensbildende TTouches	Sie sind eine Sammlung von kreisenden, hebenden und gleitenden Bewegungen mit den Händen und Fingerkuppen über verschiedene Körperteile des Pferdes. Sie dienen dazu, das Vertrauen zu stärken, Spannungen zu lösen, gewohnheitsmäßige Muster, die zu Widersetzlichkeiten führen, zu durchbrechen und neue Möglichkeiten für das Lernen und Kooperieren zu eröffnen.
Bewusstseinsfördernde TTouches	Dies sind TTouches, die Spannungen lösen, die Geschmeidigkeit erhöhen und dir mehr Freude mit deinem vierbeinigen Partner schenken.
TTouches für Gesundheit	Spezielle TTouches, die bei bestimmten gesundheitlichen Problemen, einschließlich Kolik, Schock und Kreuzverschlag, äußerst wertvoll sind.
Leistungsfördernde TTouches	TTouches, die sich für Leistungs-, Arbeits- und Sportpferde als besonders nützlich erwiesen haben.

Feedback des Pferdes

Es hört sich so einfach an: Achte auf das Feedback deines Pferdes. Es ist aber ganz schön anspruchsvoll, das beim TTouchen im Blick zu behalten. Wir haben hier einige Fotos zusammengestellt, bei denen es sich lohnt, genauer hinzuschauen: Was sagen uns die Pferde mit ihrem Gesichtsausdruck, mit dem Blick der Augen, der Stellung der Ohren oder der Form der Nüstern?

1. Das ist der Andalusier PRE Caligula genannt Calli. Typisch für seine Rasse ist eine etwas höhere Kopf- und Halshaltung. Er ist skeptisch, was Skara macht.

2. Ela macht Schimpansen-TTouches in der Maulregion. Emil zeigt weiche Lippen und Nüstern. Aber sein Augenausdruck, die Ohrenstellung sowie die etwas höhere Kopf- und Halshaltung zeigen, dass Emil etwas skeptisch ist.

3. Luna macht Haargleiten am Schweif. Das Foto zeigt, wie wichtig es für die Vertrauensbildung ist, dass Pferde bei der Schweifarbeit frei den Hals und Kopf wenden können, um zu sehen, was hinten passiert. Emils Körperhaltung ist entspannt, auch der locker hängende Schweif spricht für sein Vertrauen.

4. Hier ttoucht Linda die Ohren von Fjordpferd Emil. Sein gesamter Gesichtsausdruck zeigt Zeichen seiner Entspannung. Maul und Nüstern sind weich, die Unterlippe hängt ein wenig, die Augen sind halb geschlossen, das linke Ohr ist so locker, dass Linda es hin und her bewegen kann. Emils Kopf und Genick befinden sich auf optimaler Höhe und die untere Halsmuskulatur ist entspannt.

1

1. Linda ttoucht Calli frei in einem Paddock: Es ist ein Vertrauensbeweis, dass der Wallach bei ihr bleibt.

2. Hier hält Luna den entspannt stehenden Wallach Emil an der Führleine, während Carina ihn mit der Bandage vertraut macht: Das ist ein freundlicher Weg, um das Pferd zu behandeln.

3. Ein umzäunter Reitplatz oder eine Halle kann ein guter Ort für eine TTouch-Behandlung sein.

2

SO BEGINNST DU

Es ist von großer Bedeutung festzustellen, wie viel Vertrauen dein Pferd zu dir hat. Kannst du es überall am Körper mit deinen sanft streichenden Händen berühren? Genießt es die Berührung? Nimmt es den Kopf hoch? Legt es die Ohren an? Hält es die Atmung an? Weicht es aus? Hat es einen angespannten Blick?

Für diesen Test und auch für die Ausführung der Tellington-TTouches empfehle ich, dass dein Pferd frei, also nicht angebunden, stehen kann – in einem Paddock, in einer Reithalle, in einem Roundpen oder im Longierzirkel.
Falls du dich sicherer fühlst, kannst du eine Helferin bitten, dein Pferd mit Halfter und Strick zu halten.

Im besten Falle entscheidet sich dein Pferd, freiwillig bei dir stehen zu bleiben und die Berührungen zu genießen. Streiche den Körper deines Pferdes mit sanft gleitender Hand von Kopf bis Huf ab. Führe die Berührungen mit weichem Kontakt und mit langsamen Streichbewegungen aus. Atme ruhig und gleichmäßig. Es geht darum, den Ist-Zustand festzustellen. Registriere, wo dein Pferd die Berührung gut akzeptieren kann, wo es sie genießt und wo es kitzlig oder abwehrend reagiert.
Mit den TTouches beginnst du dann an den Körperstellen, an denen dein Pferd Berührungen akzeptiert und genießt. Es soll Vertrauen bekommen. Beginne zum Beispiel mit Muschel-TTouches (Seite 40), Liegender-Leopard-TTouches (Seite 38) oder Lama-TTouches (Seite 46). Bevor du mit den TTouches beginnst, fordere dein Pferd auf, den Kopf zu senken (Seite 30), damit es in einen aufnahmebereiten und entspannten Zustand kommt.

TIPP

Beginne bei einem nervösen Pferd für ein bis zwei Minuten mit einzelnen, schnellen Eineinviertel-Kreisen, um die Aufmerksamkeit zu gewinnen. Verlangsame dann die Kreisbewegung und verbinde die TTouches in Linien.

3

Das Vertrauen des Pferdes überprüfen

Wie reagiert dein Pferd auf Berührungen? Beim Erkunden mit der flachen, weichen Hand kann es zu Abwehrreaktionen kommen, oft sind Pferde an den Ohren und in der Sattellage empfindlich.

1. Beginne das Abstreichen oben am Hals hinter dem Genick. Das Auflegen der zweiten Hand verbessert deine Balance und hilft dem Pferd, sich sicher zu fühlen.

2. Weiter geht es zum Widerrist und über die Rückenlinie des Pferdes. Elas rechte Hand liegt jetzt zur Stabilisierung unten am Pferdehals.

3. Über die Kruppe gleitet die Hand weiter in die Schweifregion. Emil schaut und horcht nach hinten und bleibt gelassen und entspannt.

4. Jetzt sind die Beine dran. Ela hält genügend Abstand zu Emil und prüft auch, ob es warme, geschwollene oder empfindliche Stellen am Bein gibt.

Equipment – Halfter, Führleine, Gerte

Halfter, Führleine und Gerte sind Hilfsmittel, die du benutzen kannst, falls dein Pferd beim TTouchen nicht frei und freiwillig stehen bleibt. Die Tellington-Führleine nennen wir auch Lama-Leine, weil wir sie anfangs für die Arbeit mit Lamas eingesetzt haben. Sie hat sich auch sehr für die Arbeit mit Pferden bewährt.

HALFTER UND TELLINGTON-FÜHRLEINE

Wichtig ist ein stabiles und gut am Kopf sitzendes Halfter, das aus Nylon oder Leder bestehen sollte. Das Halfter sollte verstellbar sein und darf nicht am Kopf verrutschen: Nicht selten passiert es sonst, dass es zu nah an die Pferdeaugen gerät. Die üblichen Größen sind S für Jährlinge, M für zierliche Pferdeköpfe, L für Pferderassen wie Quarter Horses und XL für Warmblüter. Um die Führleine über dem Nasenriemen befestigen zu können, muss das Halfter ausreichend große und stabile seitliche Ringe haben, durch die der Karabiner der Führleine hindurchpasst.
Für zierliche und kleine Pferdeköpfe sind die Tellington-Führleinen zu lang. Ziehe dann den Karabiner auf der rechten Seite durch den oberen Halfterring nach unten, verdrehe das Seil miteinander und hake es unten in den Ring ein. Es sollten ca. 12 cm Seil auf der Führseite heraushängen. Die Brieftauben-Position, die auf Seite 96 erklärt wird, kann auch mit einem größerem Führabstand ausgeführt werden. Dafür kannst du ein 7 m langes, 7 mm starkes Nylonseil verwenden, das du im Segel-, Kletter-

Führseile aus Nylon
Die Seile sind sieben Meter lang und haben einen Durchmesser von sieben Millimetern.

1

2

oder Outdoorfachhandel erhalten kannst. Die Leine wird am Halfter befestigt und mit beiden Händen geführt, siehe mehr dazu auf Seite 99.

DIE WEISSE GERTE

Die Gerte hat im Tellington Training eine besondere Bedeutung. Sie dient dazu, den Pferdekörper abzustreichen und Signale zum Halten, Antreten und Wenden bei der Bodenarbeit als Vorbereitung für die Arbeit unter dem Sattel zu geben. Pferde lernen schneller, wenn die Signale vom Boden aus gelehrt werden und dann in den Sattel übertragen werden.

DAS BRAUCHST DU

- Ein passendes, stabiles Halfter mit großen Ringen
- Eine Tellington-Führleine (Seil 0,66 m und Führstrick 2,3 m lang)
- Achte darauf, dass der Führstrick mindestens 1,9 m lang ist. Ein kürzerer Strick ist nicht sicher, wenn sich ein Pferd aufregt.
- Eine 1,3 m lange steife Tellington-Gerte

1. Die Tellington-Führleine besteht aus einem Karabinerhaken, einem runden weißen Seil und einem flachen breiten Führseil.

2. Wir sind uns der Bedeutung von Namen bewusst, deshalb nennen wir die Gerte oft auch „Zauberstab".

FÜHRLEINE VERSCHNALLEN

So ist die Führleine am Halfter richtig verschnallt. Das Halfter muss gut am Pferdekopf sitzen: Zwischen Nasenband und Jochbein sollten 2–3 Finger passen.

1. Meistens wird ein Pferd von der linken Seite gehalten und geführt. Schiebe den Karabiner von außen durch den linken unteren Halfterring nach oben.

2. Führe die Führleine von oben über den Nasenriemen nach unten und dann von innen nach außen zum rechten Halfterring.

3. Der Haken wird von unten nach außen durch den Halfterring gezogen.

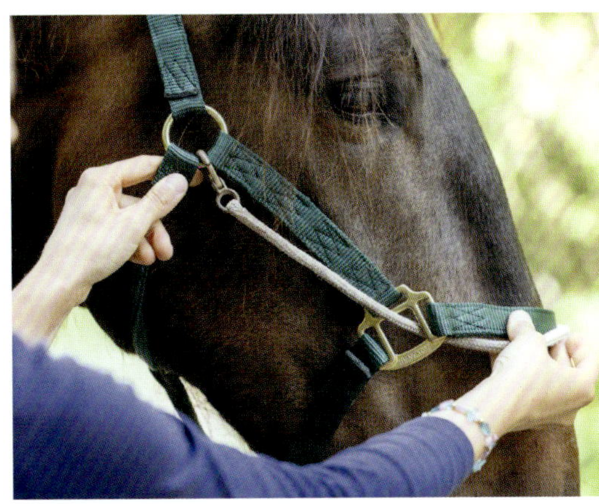

4. Der Karabiner wird in den oberen, rechten Halfterring eingehakt.

Die Führleine seitlich befestigen: Um den Kopf zu senken, kannst du die Führleine seitlich am Halfter befestigen. Unsere Erfahrung zeigt, dass manche Pferde dadurch bereitwilliger den Kopf senken (Seite 30).

Den Pferdekopf senken

Hohe Kopfhaltung und weggedrückter Rücken sind typische Anzeichen eines verspannten Pferdes. Durch das Kopfsenken entspannt sich das Pferd und überwindet Angst und Unsicherheit.

LINDAS TIPP

Manchen Pferden fällt das Kopfsenken in der Schrittbewegung leichter. Du kannst die Impulse ausführen, während du neben dem Pferd mitgehst, und es dann zum Anhalten auffordern.

Zuordnung Vertrauensbildende Übung
Wirkung Entspannt nervöse Pferde, fördert die Kooperation, löst Muskelverspannungen in Hals und Rücken
Körperbereiche Kopf, Hals

WOZU?

Das Kopfsenken ist hilfreich bei der Körperarbeit (z.B. Maul- und Ohren-TTouch), beim Scheren, beim Besuch des Tierarztes oder Hufschmiedes. Es dient auch zur Entspannung und Beruhigung bei anderen Behandlungsmethoden wie Akupunktur oder Chiropraktik. Bei guckigen Pferden ist es eine sinnvolle Methode, um ihnen beizubringen, entspannt stehen zu bleiben. Wenn das Pferd den Kopf gesenkt hat, überwindet es seinen Fluchtreflex. Das Kopfsenken vom Boden aus dient auch als eine Vorbereitung für das Reiten.

SO GEHT'S

Berühre freundlich mit der Gertenspitze die Nase und führe sie in einer fließenden Bewegung nach unten. Der Kontakt mit der Führleine ist ein Annehmen und Nachgeben.

Wenn das Pferd den kleinsten Ansatz der Nachgiebigkeit zeigt, gibst du deutlich nach. Deine Körperhaltung soll das Pferd zusätzlich motivieren, den Kopf zu senken.
Für manche Pferde ist das Kopfsenken leichter, wenn du den Pferdekopf in einer sanft schwenkenden Bewegung von rechts nach links und zurück bewegst. Das kannst du wie bei 3 beschrieben tun oder du stellst dich vor dein Pferd und nimmst mit beiden Händen am Nasenriemen des Halfters Kontakt auf.
Achte darauf, dass du den Nasenriemen nicht mit einer Faust umfasst, sondern mit leicht gekrümmten Fingern hältst. Du solltest schnell loslassen können, damit du nicht verletzt wirst, falls der Kopf reflexartig nach oben geht.

DENKE DARAN, ...

... der Kopf deines Pferdes sollte nicht zu tief herunterkommen. Wenn die Pferdenase fast schon den Boden berührt, dann schaltet das Pferd ab. Richtig ist es, wenn das Genick etwa 10 cm tiefer als der Widerrist des Pferdes platziert ist.

1. Der Kontakt mit der Führleine ist ein Annehmen und Nachgeben. Die Gerte streicht sanft über die Nase.

2. Wiederhole die Signale, bis dein Pferd den Kopf weiter senkt. Calli folgt den Signalen von Skara.

EINE VARIANTE Gib Impulse mit einer Hand an der Führleine, mit der anderen berührst du den Mähnenkamm hinter dem Genick. Ermuntere dein Pferd durch leichten Druck zum Kopfsenken.

EINE WEITERE VARIANTE Stelle dich vor dein Pferd und gib Impulse mit beiden Händen am Nasenriemen.

Abstreichen des Körpers

Das Abstreichen des Körpers erdet das Pferd und der Fluchtreflex kann unterbrochen werden. Es lernt, still zu stehen und seinen Körper zu spüren. Die Tellington-Gerte oder der Zauberstab kann wie ein verlängerter Arm eingesetzt werden, mit dem du das ganze Pferd erreichen kannst.

Zuordnung Vertrauensbildende Übung
Wirkung „Erdet", beruhigt, verbessert Gleichgewicht, Stillstehen und Berührungsempfindlichkeit
Körperbereiche Halsunterseite, Brust, Beine, Bauch, Rücken, Hinterhand

WOZU?

Für junge Pferde in der Ausbildung und für Pferde, denen es schwerfällt still zu stehen, die nervös und unruhig sind, schlagen, beißen oder ängstlich auf die Hufschmied- oder Tierarztbehandlung reagieren. Du überprüfst damit auch das Vertrauen des Pferdes auf Berührungen.

DENKE DARAN, ...

... bleibe konsequent und ruhig, ohne ungeduldig oder wütend zu werden. Wenn dein Pferd stillsteht, lockere langsam den Kontakt, sodass es sich umschauen kann, ohne seine Beine zu bewegen. Durch diese Übung bekommt dein Pferd Selbstkontrolle und Geduld.

Streiche den Körper mit der Tellington-Gerte (Seite 27) mit deutlichem Kontakt an Unterhals und Brust ab.

LINDAS TIPP

Sprich mit deinem Pferd und sage, was du von ihm möchtest. Es hilft dir, wenn du deine Vorstellungen und die Aufgabenstellung für das Pferd formulierst. Ein „Danke" an das Pferd für die Ausführung unterstützt eure Kommunikation.

1. Das Abstreichen von vorne gesehen: Starte an der Brust.

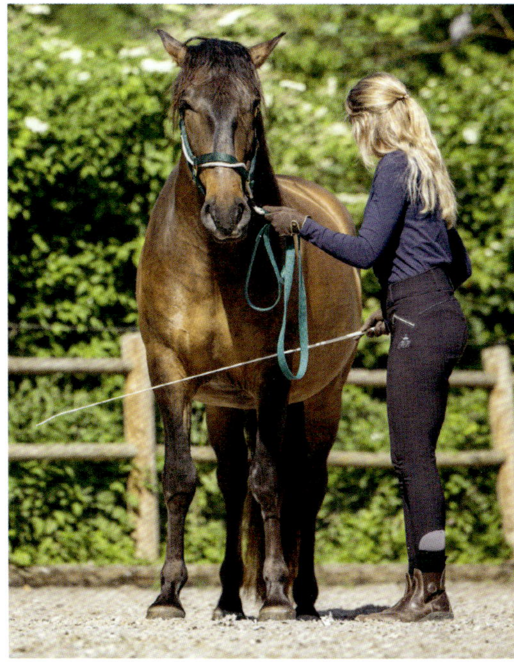

2. Gleite weiter nach unten über das Bein, die Gerte hält klaren Kontakt.

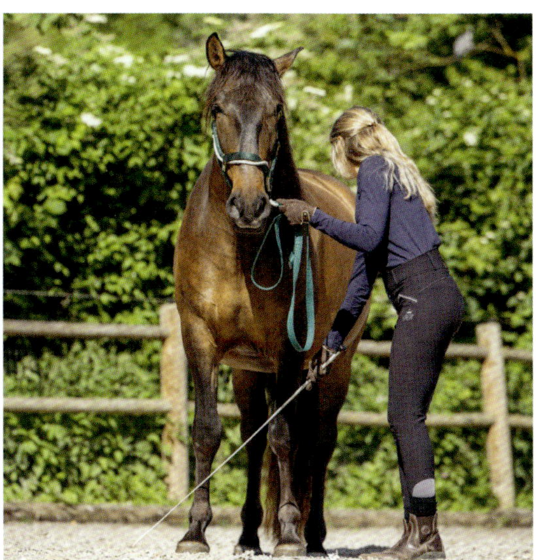

3. Die Ausführung der Bewegung soll beim Huf enden. Du kannst die Berührung wiederholen, um das Pferd zum Stillstehen zu ermutigen.

4. Auch die Hinterbeine werden so abgestrichen. Hier startet die Berührung an der Kruppe oder vom Knie bis zum Huf.

Wolken-Leopard-TTouch

Der Wolken-Leopard-TTouch gehört zu den Basis-TTouches. Er stärkt das Selbstvertrauen des Pferdes, hilft gegen Rücken- und Muskelschmerzen, bei Überempfindlichkeit und Verspannungen. Dieser kreisende TTouch mindert Stress.

Zuordnung Bewusstseinsfördernder TTouch, kreisender TTouch
Druckstärke 1 bis 4
Wirkung Fördert Vertrauen, verbessert Koordination, Beweglichkeit, steigert Bereitschaft und Fähigkeit zum Lernen
Körperbereiche Kopf, Hals, Rücken, Rumpf, Kruppe
Verbundene Kreise Wolken-Leopard-TTouches werden mit 5–10 cm langen, klaren Gleitbewegungen über das Fell verbunden

WOZU?

Der Wolken-Leopard-TTouch verbessert Gesundheit und Bewusstheit des Pferdes. Er aktiviert seine Bewegungsmöglichkeiten und die Durchblutung und stärkt das Selbstvertrauen, sodass das Pferd sich wohlfühlt und sicherer wird.

SO GEHT'S

Lege die gewölbte Hand mit nah beieinanderliegenden Fingern auf das Fell. Deine andere Hand legst du in einem für dich bequemen Abstand auf den Pferdekörper. Atme ruhig und gleichmäßig. Verschiebe die Haut mit den Fingerkuppen im Uhrzeigersinn oder gegebenenfalls auch gegen den Uhrzeigersinn in einem Eineinviertel-Kreis. Achte darauf, dass du nicht über das Fell rutschst, sondern die Haut sanft und fließend im Kreis bewegst.
Stelle dir dazu das Zifferblatt einer Uhr vor: Bei 6:00 Uhr beginnst du (6:00 Uhr zeigt immer zum Boden hin), schiebst dann die Haut einmal im Uhrzeigersinn herum, und weiter bis etwa 8:00 oder 9:00 Uhr. Dort endet die Bewegung. Du löst leicht den Kontakt an dieser Stelle, gleitest ein

LINDAS TIPP
Durch Wolken-Leopard-TTouches und Waschbär-TTouches am Kopf kannst du das Vertrauen deines Pferdes aufbauen.

WASCHBÄR-TTOUCH

Der Waschbär-TTouch ist sehr wirkungsvoll bei Verletzungen, Prellungen, nach Operationen, zur Reduzierung von Schwellungen um Wunden herum oder an Körperstellen, wo die Haut ohne Muskulatur direkt über dem Knochen liegt, z.B. um das Auge herum, am Kronenrand etc. Du hältst die Finger wie beim Wolken-Leopard-TTouch, nur sind die Finger etwas mehr gekrümmt. Der Waschbär-TTouch wird nur mit den Fingerspitzen ausgeführt.

Stück weiter auf dem Fell und beginnst mit dem nächsten TTouch. Du folgst dabei einer Linie (Seite 14). Der Daumen liegt mit auf dem Fell auf und hält eine Verbindung zu den anderen Fingern.
Die gebräuchlichste Geschwindigkeit für einen Eineinviertel-Kreis beträgt zwei Sekunden.

DENKE DARAN, ...

... wenn du dein Pferd „aufwecken" und aktivieren möchtest, mache die Kreise schnell, das heißt in circa einer Sekunde eine Kreisbewegung. Um dein Pferd zu entspannen, mache jeden Kreis circa drei Sekunden lang.
... mache diese TTouches bei Pferden, die sich nicht einfangen lassen, beim Aufsteigen nicht stehen bleiben und bei ängstlichen, steifen, verspannten oder schmerzempfindlichen Pferden.

WAS MACHST DU, ...

... wenn dein Pferd die Berührung nicht akzeptiert und genießt: Probiere verschiedene Druckstärken, Geschwindigkeiten, Körperteile und TTouches aus. Achte darauf, dass deine Finger entspannt und beweglich sind. Die Bewegung soll rund, gleichmäßig und fließend sein. Viele Pferde mögen die Ohren-TTouches. Sie sind gute TTouches für den Einstieg (Seite 60).
... wenn dein Pferd keine Reaktionen zeigt oder gelangweilt wirkt: Nicht alle Pferde genießen am Anfang die TTouches. Finde heraus, was dein Pferd mag. Durch die sensorischen Impulse des TTouches verbesserst du in jedem Fall die allgemeine Gesundheit und die Selbstheilungskräfte, auch wenn dein Pferd keine positiven Reaktionen erkennen lässt.

Lege die **gewölbte Hand** mit nah beieinanderliegenden Fingern auf das Fell. Die schraffierten Teile der Hand sollen Kontakt mit dem Fell haben. Es kommt allerdings darauf an, welches Körperteil du berührst. Manchmal ist es bequemer, auch den Handballen mit aufzulegen.

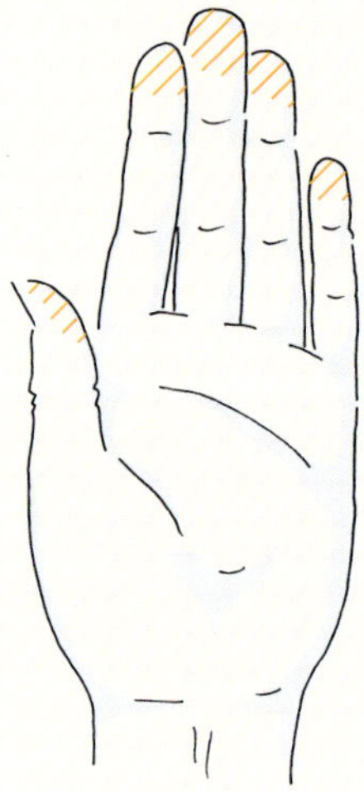

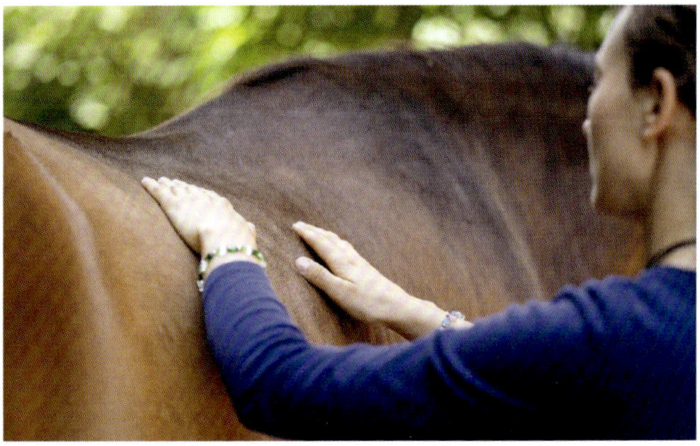

Deine **andere Hand** legst du in einem für dich bequemen Abstand auf den Pferdekörper. Atme ruhig und gleichmäßig.

Verschiebe die Haut mit den Fingerkuppen im Uhrzeigersinn in einem Eineinviertel-Kreis. Achte darauf, dass du nicht über das Fell rutschst, sondern die Haut im Kreis bewegst.

Stelle dir das Zifferblatt einer Uhr vor: Bei 6:00 Uhr beginnst du (6:00 Uhr zeigt immer zum Boden hin), schiebst dann die Haut einmal im Uhrzeigersinn herum, und weiter bis etwa 8:00 oder 9:00 Uhr. Der Daumen liegt auf dem Fell und hält eine Verbindung zu den anderen Fingern.

WOLKEN-LEOPARD-TTOUCH

Für alle kreisenden TTouches gilt: verschiebe die Haut in einer fließenden Bewegung in einem ganzen Kreis plus einem Viertelkreis, mit oder gegen den Uhrzeigersinn.

Liegender-Leopard-TTouch

Liegender-Leopard-TTouches verbessern die Berührungsempfindlichkeit bei Pferden und beruhigen nervöse, schreckhafte und guckige Pferde. Die Anwendung dieser TTouches verbessert grundsätzlich das allgemeine Wohlbefinden und vertieft das Vertrauen.

Zuordnung Vertrauensbildender TTouch, kreisender TTouch
Druckstärke 2 bis 3
Wirkung Fokussiert, vermindert Schreckhaftigkeit, Angst und Kitzligkeit, baut Vertrauen auf, lindert Schmerzen und Schwellungen
Körperbereiche Kopf, Hals, Rücken, Rumpf, Beine

WOZU?

Die flach auf dem Körper liegende Hand erzeugt Wärme, die entspannend wirkt. Außerdem können die Finger der flachen Hand nur mit sanftem Druck bewegt werden, was sensible Pferde als weniger bedrohlich empfinden. Er ist nützlich bei Verspannungen in Hals und Rücken, kopfscheuen Pferden, Nervosität, Ängstlichkeit, Stress, Schmerzen, z. B. nach einer Verletzung, und bei Pferden, die beim Putzen empfindlich sind.

SO GEHT'S

Lege deine Hand flach auf das Fell und bewege mit deinen Fingern die Haut in einem Eineinviertel-Kreis herum. In manchen Fällen, z.B. am Bein oder am Kopf, kannst du den Handballen nicht auflegen, da du sonst dein Handgelenk nicht gerade halten könntest. Deine andere Hand legst du in der Nähe der anderen Hand als Balance auf den Pferdekörper auf. Beginne bei 6:00 Uhr, schiebe die Haut einmal im Uhrzeigersinn herum und weiter bis etwa 8:00 oder 9:00 Uhr. Dort endet die Bewegung. Du löst leicht den Kontakt an dieser Stelle, gleitest ein Stück weiter auf dem Fell und beginnst mit dem nächsten TTouch. Du folgst dabei einer Linie (Seite 14). Der Daumen liegt mit auf dem Fell auf und hält eine Verbindung zu den anderen Fingern. Die gebräuchlichste Geschwindigkeit für einen Eineinviertel-Kreis beträgt zwei Sekunden.

WAS MACHST DU, ...

... wenn dein Pferd nicht stehen bleibt und den TTouch nicht akzeptiert: Probiere die Kreisbewegung entgegen dem Uhrzeigersinn aus. Falls das nicht hilft, ändere die Geschwindigkeit, die Druckstärke oder den TTouch. Achte darauf, dass deine Kreise rund und dass deine Finger entspannt sind. Atme ruhig und gleichmäßig. Beobachte auch, ob du selbst konzentriert und entspannt bist, denn dies wirkt sich auch auf dein Pferd aus.

1. Lege deine Hand flach auf das Fell, und bewege mit deinen Fingern die Haut in einem Eineinviertel-Kreis herum.

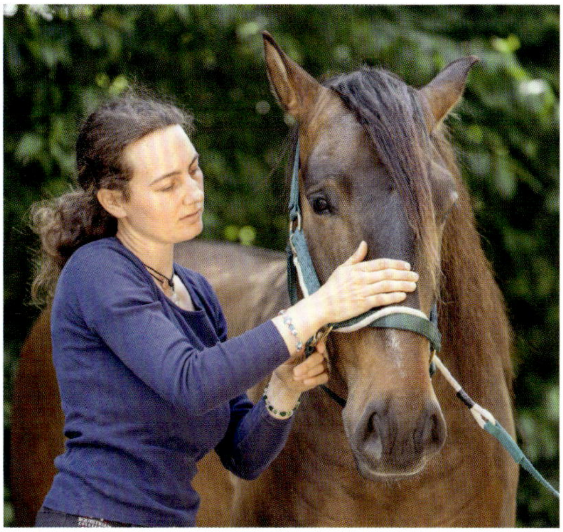

2. Die ttouchende Hand folgt der Körperform. In diesem Fall liegt sie flach auf dem Nasenrücken des Pferdes auf.

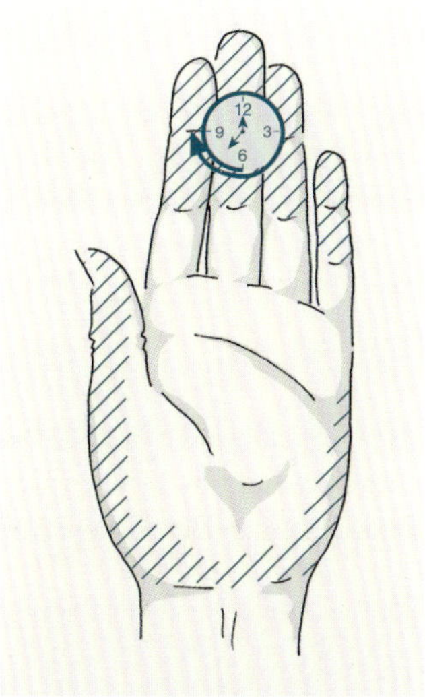

Die schraffierten Teile der Hand haben normalerweise Kontakt mit dem Fell. In manchen Fällen, z. B. am Bein oder am Kopf, kannst du den Handballen nicht auflegen, da du sonst dein Handgelenk nicht gerade halten kannst.

3. Wenn du einen Eineinviertel-Kreis beendet hast, verbinde ihn mit dem nächsten, indem du ein Stück auf dem Fell weitergleitest.

LINDAS TIPP

Liegender-Leopard-TTouches sind gut für junge Pferde, um das Selbstvertrauen aufzubauen.

Muschel-TTouch

Beim Muschel-TTouch legst du die ganze Hand flach der Körperform folgend auf die Haut des Pferdes. Hier bewegen allerdings nicht nur die Finger die Haut, sondern der ganze Handteller verschiebt das Fell in einem Eineinviertel-Kreis herum.

Zuordnung Vertrauensbildender TTouch, kreisender TTouch
Druckstärke 1 bis 3
Wirkung Bei Berührungsempfindlichkeit, löst angespannte Halsmuskeln, hilft bei Gurtzwang, zum Kopfsenken, Stimulierung Darmgeräusche, vertieft die Atmung
Körperbereiche Hals, Rücken, Rumpf, Bauch, Innenseite der Schenkel

WOZU?

Dieser TTouch eignet sich besonders für die Vorbereitung eines jungen Pferdes an den Sattel. Durch die gleichmäßige Auflage der Hand bereitet er dein Pferd auch auf den Sattelgurt vor und hilft bei Gurtzwang, die verspannten Muskeln zu lösen und den Druck des Gurtes nicht als unangenehm zu empfinden. Der Muschel-TTouch vertieft auch die Atmung des Pferdes.

SO GEHT'S

Lege deine Hand flach auf das Fell und bewege mit deiner ganzen Handfläche die Haut in einem Eineinviertel-Kreis herum. Deine andere Hand legst du in der Nähe der anderen Hand als Balance auf den Pferdekörper. Beginne bei 6:00 Uhr, schiebe die Haut einmal im Uhrzeigersinn herum und weiter bis etwa 8:00 oder 9:00 Uhr. Dort endet die Bewegung. Du löst leicht den Kontakt an dieser Stelle, gleitest ein Stück weiter auf dem Fell und beginnst mit dem nächsten TTouch. Du folgst dabei einer Linie (Seite 14). Der Daumen liegt mit auf dem Fell auf und hält eine Verbindung zu den anderen Fingern. Die gebräuchlichste Geschwindigkeit für einen Eineinviertel-Kreis beträgt zwei Sekunden.

DENKE DARAN, ...

... Muschel TTouches sind hauptsächlich für bemuskelte Körperteile gut: Bauch, Schultern und die Innenseiten der Oberschenkel.
... im Vergleich zu Liegender-Leopard-TTouches sind die Muschel-TTouch nicht so differenziert.

LINDAS TIPP

Beobachte die Reaktionen deines Pferdes: Werde sanfter, falls es ihm unangenehm sein sollte.

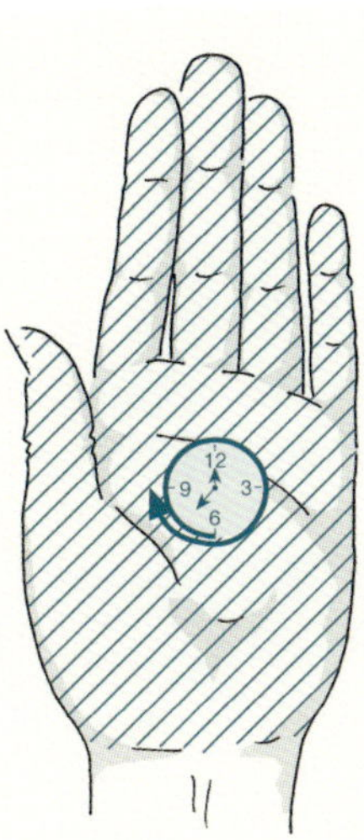

Lege deine Hand flach auf das Fell und bewege mit deiner ganzen Handfläche die Haut in einem Eineinviertel-Kreis herum. Der Mittelpunkt des Kreises ist die Mitte der Handfläche.

MUSCHEL-TTOUCH

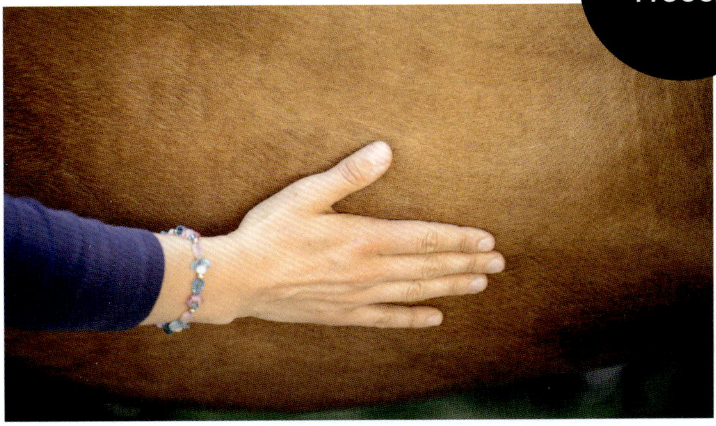

Bei den Muschel-TTouches berührt die ganze Handfläche das Fell wie hier am Bauch.

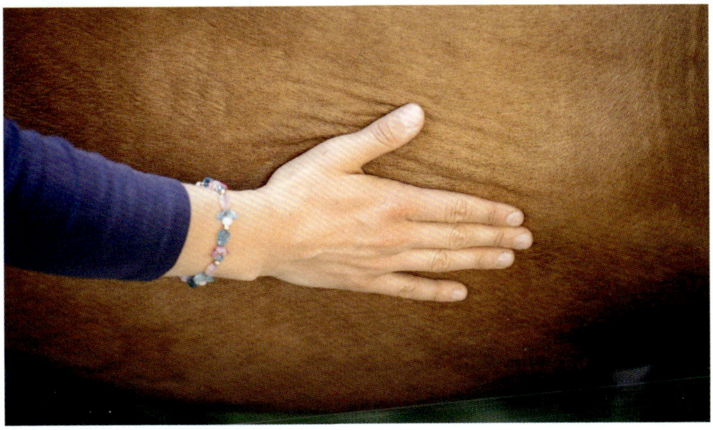

Beginne bei 6:00 Uhr, schiebe die Haut einmal im Uhrzeigersinn herum und weiter bis etwa 8:00 oder 9:00 Uhr.

Python-TTouch

Python-TTouches sind sanft hebende Berührungen mit den Händen, die hauptsächlich an den Beinen des Pferdes angewendet werden. Die Nervenbahnen werden aktiviert, die Durchblutung angeregt und die Trittsicherheit gefördert.

Zuordnung Vertrauensbildender TTouch, hebender TTouch
Druckstärke 1 bis 3
Wirkung Entspannt verkrampfte Muskeln, verbessert die Durchblutung, steigert die Propriozeption (Wahrnehmung von Körperlage und -bewegung im Raum) in den Beinen, revitalisiert müde Beine
Körperbereiche Beine, Innenseiten der Schenkel, Rücken, Hals

WOZU?

Die Durchblutung wird angeregt, Verspannungen gelöst und das Bewusstsein für den Körper gefördert. Feste, steife und schmerzhafte Rückenmuskeln können sich entspannen und lockern. Bei Arthrose und steifen oder geschwollenen Beinen bringt der Python-TTouch Erleichterung und mehr Beweglichkeit.

SO GEHT'S

Lege deine flachen Hände unterhalb des Ellbogengelenkes um das Pferdebein. Schiebe mit den Händen die Haut etwas nach oben und atme dabei ein. Halte die Haut dort ein paar Sekunden. Behalte den gleichen Kontakt, während du die Haut langsam nach unten begleitest und dabei ausatmest. Nimm dir für das Herunterschieben doppelt so viel Zeit wie für das Hochschieben, der Entspannungseffekt ist größer.
Wandere jeweils eine halbe Handbreit nach unten, und mache dort einen neuen Python-TTouch. Das gesamte Bein und auch die anderen Beine werden so behandelt.

WAS MACHST DU, ...

... wenn dein Pferd sich nicht an den Beinen berühren lassen will: Streiche

Linda umfasst mit beiden Händen das Hinterbein und verschiebt die Haut.

die Beine von oben nach unten mit der Gerte ab. Wenn dein Pferd die Gerte akzeptiert, mache einige in einer Linie verbundene Wolken-Leopard-TTouches am Bein entlang, und wechsle dann zum Aufgerollte-Python-TTouch (Seite 45).

DENKE DARAN, ...

... wenn bei einem Pferd der Fluchtreflex ausgelöst wird, zieht sich das Blut aus den Beinen in Herz und Lungen zurück. Wird die Durchblutung in den Beinen aktiviert, kann das Pferd diesen Fluchtinstinkt leichter überwinden. Es wird selbstsicherer und für den Menschen weniger gefährlich. Natürlich musst du bei einem aufgeregten Pferd sehr aufpassen und immer darauf gefasst sein, dich selbst zu schützen.

... am Kopf schiebst du die Haut nur mit deinen Fingern statt mit der ganzen Hand hoch.

LINDAS TIPP

Der Python-TTouch ist gut für Pferde, die schnell gewachsen sind. Sie brauchen oft länger, bis sie mit ihrem Körper umgehen können. Python-TTouches bringen Gefühl in die Beine, und je selbstbewusster und sicherer sie stehen, desto mehr verbessern sich Koordination und Gleichgewicht.

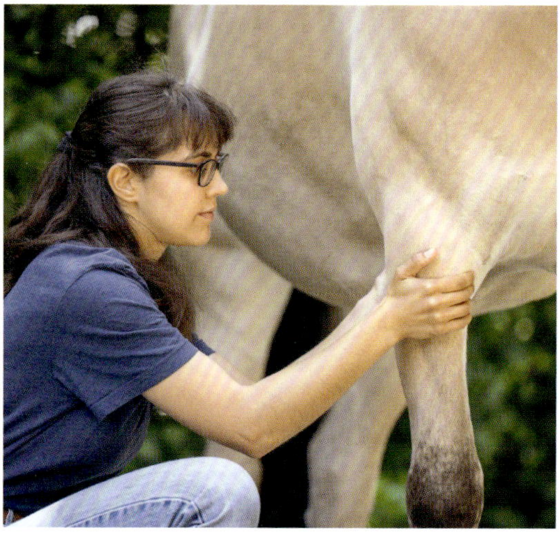

1. Schiebe mit den Händen die Haut etwas nach oben und atme dabei ein. Dann halte die Haut dort ein paar Sekunden. Behalte den gleichen Kontakt, während du die Haut langsam nach unten begleitest und dabei ausatmest.

2. Wandere jeweils eine halbe Handbreit nach unten und mache dort einen neuen Python-TTouch.

3. Die Haltung deiner Hände hängt von der Form des Beines ab.

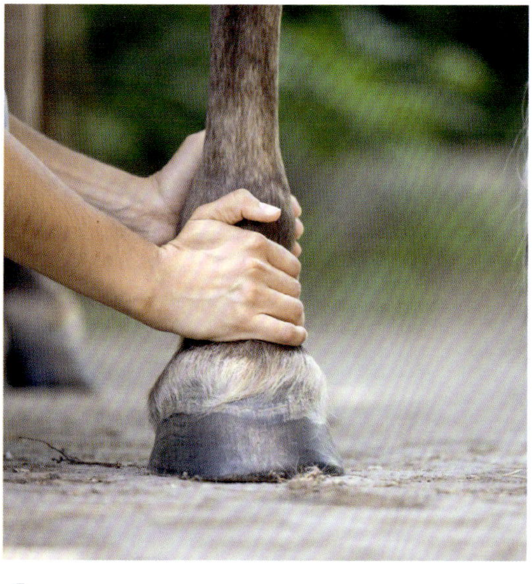

4. Die untersten Python-TTouches machst du am Huf.

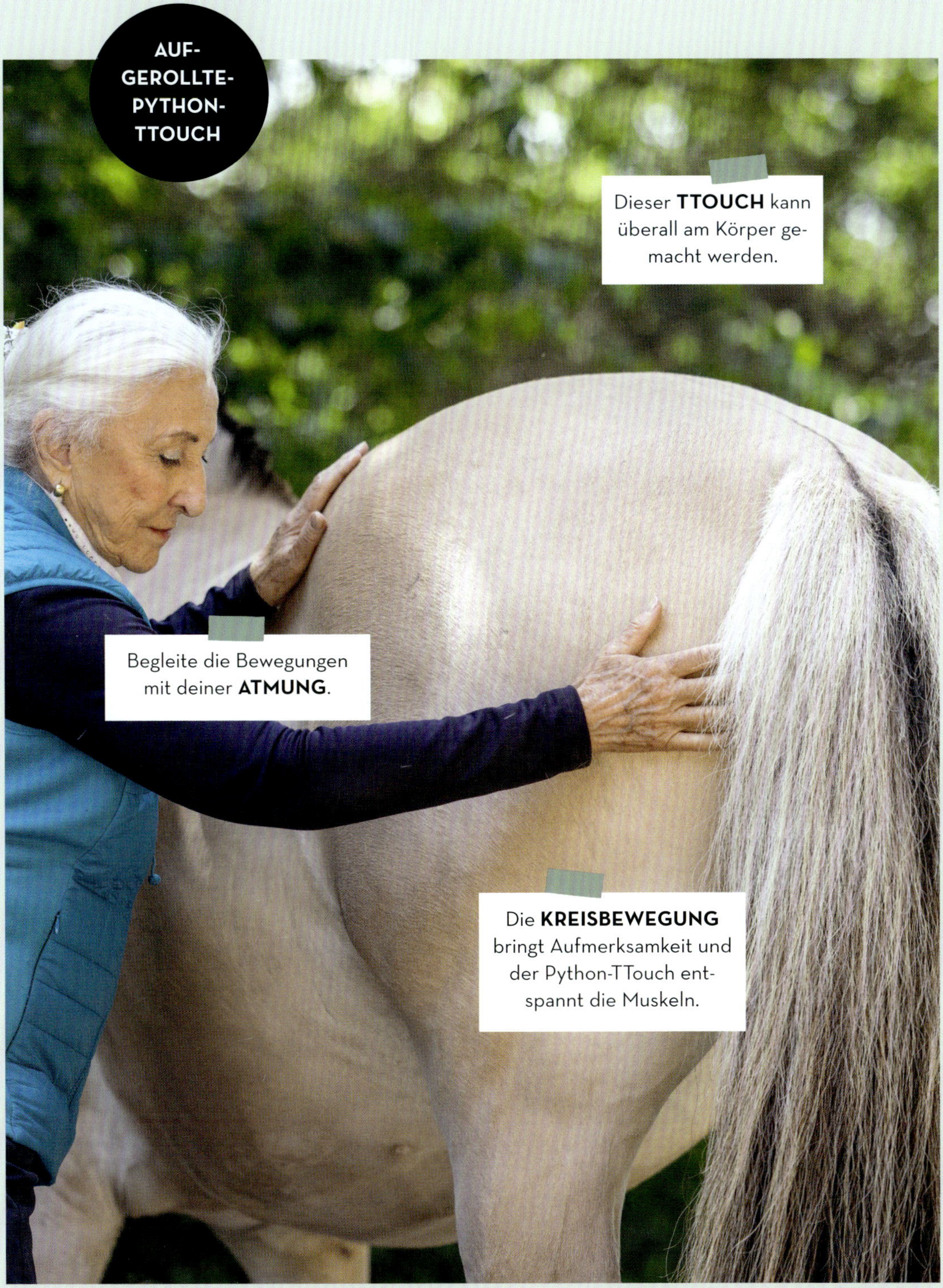

AUFGEROLLTE-PYTHON-TTOUCH

Dieser TTouch ist eine Kombination aus Liegender-Leopard- oder Muschel-TTouch und Python-TTouch. Nach der Eineinviertel-Kreisbewegung schiebst du die Haut mit der flachen Hand bei 9:00 Uhr senkrecht nach oben, machst eine Pause und begleitest sie mit dem gleichen Kontakt wieder langsam herunter.

Lama- und Schimpansen-TTouch

Für Pferde, die ungern berührt werden wollen, ist es oft einfacher, Kontakt mit dem Handrücken oder der Rückseite der Finger zu akzeptieren: Es ist eine sehr freundliche und defensive Form der Kontaktaufnahme mit dem Pferd.

Lama-TTouch
Zuordnung Vertrauensbildender TTouch, kreisender TTouch
Druckstärke 1 bis 2
Wirkung lindert Ängste, Kopfscheu, Berührungsempfindlichkeit, schmerzlindernd, zum Kennenlernen
Körperbereiche Kopf, Maul, Ohren, Hals, Rumpf, Beine

Schimpansen-TTouch
Zuordnung Bewusstseinsfördernder TTouch, kreisender TTouch
Druckstärke 2 bis 3
Wirkung Erzeugt Aufmerksamkeit (als Aufgerollte-Python-TTouches (Seite 45) ausführen)
Körperbereiche Kopf, Hals, Rücken

WOZU?

Lama- und Schimpansen-Touches kannst du am ganzen Körper anwenden, vor allem, wenn dein Pferd sich ungern anfassen lässt. Der Handrücken wirkt weniger bedrohlich, die kreisende Berührung schafft Vertrauen bei ängstlichen und nervösen Pferden.

SO GEHT'S

Lama-TTouch Kreisender TTouch mit dem Handrücken bei locker gehaltener Hand. Deine andere Hand

TTouch auf Abstand
Falls dein Pferd sich gar nicht berühren lassen möchte, beginne mit TTouches in der Luft.

LINDAS TIPP
Probiere aus, ob dein Pferd Berührungen mit einem Schaffell oder einem Handwärmer anfangs besser akzeptieren kann.

legst du in einem für dich bequemen Abstand auf den Pferdekörper. Atme ruhig und gleichmäßig. Verschiebe die Haut im Uhrzeigersinn in einem Eineinviertel-Kreis. Achte darauf, dass du nicht über das Fell rutschst, sondern die Haut im Kreis bewegst. Stelle dir das Zifferblatt einer Uhr vor: Bei 6:00 Uhr beginnst du (6:00 Uhr zeigt immer zum Boden hin), schiebst dann die Haut einmal im Uhrzeigersinn herum, und weiter bis etwa 8:00 oder 9:00 Uhr.

Schimpansen-TTouch Die Haut wird mit dem Rücken der mittleren Fingerglieder in einem Eineinviertel-Kreis bewegt so wie oben beim Lama-TTouch beschrieben.

DENKE DARAN, ...

... die TTouches mit dem Rücken der Hand und der Finger sind nicht nur für berührungsempfindliche Pferde hilfreich, sondern auch für Menschen, die Bewegungseinschränkungen haben. Vielen fällt es bei dieser Handhaltung leichter, die Finger locker zu lassen und sanften Druck auszuüben.

... bei sehr ausgeprägten Berührungsängsten kann es hilfreich sein, die TTouches zuerst ohne Kontakt zum Körper in der Luft auszuführen.

LAMA-TTOUCH Kreisender TTouch mit dem Handrücken bei locker gehaltener Hand.

SCHIMPANSEN-TTOUCH Ela macht die TTouches sehr sanft rund um die Maulspalte zur Vorbereitung der Maul-TTouches (Seite 64). Das Handgelenk wird gerade gehalten.

Das Lecken der Kuhzunge

Dieser streichende TTouch am Rumpf macht dein Pferd durchlässiger für Biegungen und Seitengänge. Die Berührungen verdeutlichen dem Pferd die Verbindung von Bauch zum Rücken und zur Vor- und Hinterhand und damit ein besseres Körpergefühl.

Zuordnung Vertrauensbildender TTouch, streichender TTouch
Druckstärke 1 bis 3
Wirkung Hebt den Rücken, entspannt die Rückenmuskulatur, lindert Muskelkater, verbessert Geschmeidigkeit und Koordination, verringert Kitzligkeit und Schenkelempfindlichkeit
Körperbereiche Rumpf, Schultern, Kruppe

WOZU?

Das Lecken der Kuhzunge fördert die Durchblutung und verbessert die Koordination und das Körpergefühl. Es macht den Rücken schwungvoller und entlastet Pferde mit Senkrücken.

DENKE DARAN, ...

... bei einem steifen Pferd, das z. B. Probleme beim Biegen oder Wälzen hat, wirst du durch diesen TTouch – regelmäßig circa fünf Minuten lang auf beiden Seiten angewendet – eine Verbesserung des Untertretens in der Versammlung und bei der Fähigkeit zum Biegen feststellen. Es wird elastischer und beim Reiten durchlässiger.
... sei vorsichtig mit den Hinterbeinen bei dir unbekannten Pferden, sie könnten nach dir treten. Suche dir eine sichere Position, halte genug Abstand und behalte die Hinterhand im Blick.
... das Streichen mit den Fingernägeln aktivierend und das Gleiten mit der flachen Hand beruhigend wirkt. Wenn du dich auf eine der Wirkungen fokussieren möchtest, mache das Lecken der Kuhzunge jeweils nur mit einer Handhaltung.

WAS MACHST DU, ...

... wenn dein Pferd kitzlig ist: Beginne mit dem Bauchheben, dem Muschel-TTouch oder einer Kombination aus Lecken der Kuhzunge und Liegender-Leopard-TTouches.
... wenn dein Pferd im Bereich rund um Euter oder Schlauch empfindlich ist: Viele Menschen schenken diesen Bereichen keine Aufmerksamkeit. Zur Eingewöhnung mache Muschel-TTouches mit einem feuchtwarmen Handtuch oder Schwamm. Nimm Rücksicht auf etwaige Ängste und Unruhe des Pferdes und mache kurze Pausen, sodass es merkt, dass du auf sein Befinden achtest.

LINDAS TIPP

Wenn dein Pferd verschwitzt ist, ziehe einen feuchten Baumwollstrumpf über deine Hand. Die Feuchtigkeit kühlt und der TTouch hilft deinem Pferd, sich schneller zu regenerieren.

1. Lege eine Hand flach auf den Rücken auf, mit der anderen nimmst du Kontakt in der Mitte des Unterbauches mit flach aufgelegter Handfläche auf.

2. Spreize die Finger und streiche mit der Hand von der Bauchlinie über die Rippen bis zum Rücken. Du musst deine Hand drehen, während du von der Mittellinie über den Rumpf weiter nach oben zur Wirbelsäule streichst.

3. Die Handfläche passt sich der Körperwölbung an, der Handballen streicht während der Bewegung über das Fell.

4. Beginne den nächsten Strich eine Handbreit hinter dem vorherigen. Wiederhole den Ablauf mehrmals. Wechsle dann die Seite, und beginne dort wieder in der Gurtregion.

Zebra-TTouch

Dieser streichende TTouch besteht aus diagonalen Strichen, die in Zickzackform über den Rücken des Pferdes, aber auch am Hals, auf der Kruppe oder unter dem Bauch ausgeführt werden. Dieser TTouch ist gut geeignet, um sich mit einem neuen Pferd bekannt zu machen und wurde früher Zickzack-TTouch genannt.

LINDAS TIPP
Du kannst diesen TTouch auch unter der Satteldecke machen, um das Fell schneller abzukühlen, bevor du den Sattel und die Satteldecke abnimmst.

Zuordnung Bewusstseinsfördernder TTouch, streichender TTouch
Druckstärke 2 bis 3
Wirkung Löst Erstarrung, Blockaden, Steifheit.
Körperbereiche Rücken, Hals, Kruppe, unter dem Bauch

WOZU?

Der Zickzack-TTouch kann ein Pferd aus der Erstarrung lösen, wenn es blockiert oder bewegungslos ist. Auch zur Erholung und Lockerung nach dem Reiten ist dieser TTouch gut geeignet. Er ist auch eine gute Vorbereitung zum Putzen und Satteln.

SO GEHT'S

Dies ist ein kreuzend-streichender TTouch mit einer Hand in diagonalen Strichen. Krümme die Finger und bewege sie aufwärts durch das Fell. Bei der Abwärtsbewegung öffnest du die Finger, beim Hochbewegen schließt du die Finger. Es entsteht eine Zickzack-Linie mit einer Breite von circa 30 cm. Du kannst diesen TTouch auch mit beiden Händen gleichzeitig ausführen.

DENKE DARAN, ...

... Zebra-TTouch ist eine angenehme Art, sich mit einem neuen Pferd oder einem, das noch nicht viel Umgang mit Menschen hatte, vertraut zu machen. Die kratzende Berührung erinnert sehr an das gegenseitige Putzen, wenn Pferde sich wechselseitig mit den Zähnen am Widerrist und am Rücken kratzen.
... Zebra-TTouch kann ein Pferd aus der Erstarrung lösen, wenn es vor dem Hänger steht und sich weder vor noch zurück bewegen lässt.

1. Streiche mit geöffneten und ausgestreckten Fingern auf Höhe des Widerrists abwärts durch das Fell mit Druckstärke 2 bis 3.

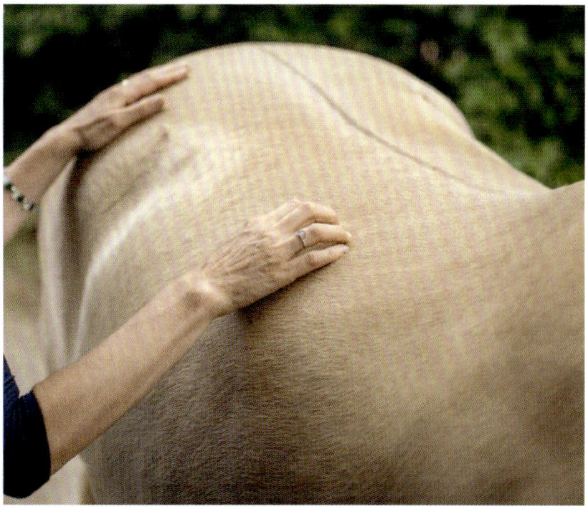

2. Mit ca. 20 cm Abstand zur Rückenlinie endet das Gleiten, du krümmst die Finger und ziehst sie zusammen.

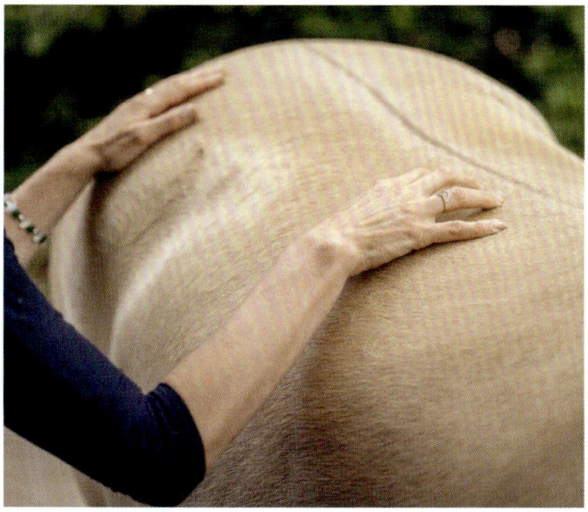

3. Während des Hochschiebens öffnest du die Finger wieder und gleitest schräg nach oben zurück in Richtung Rückenlinie.

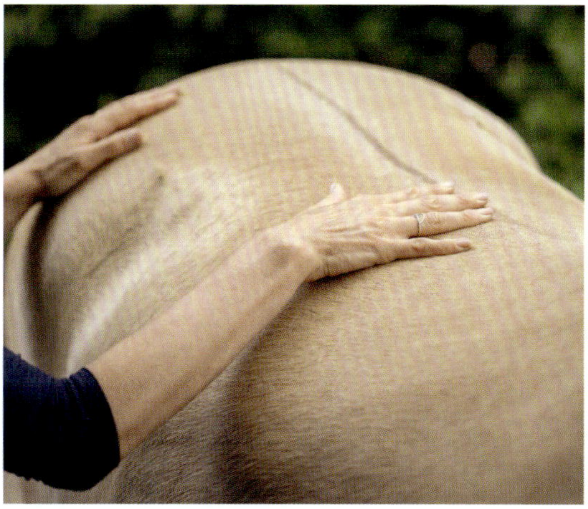

4. Auf der Rückenlinie liegt die Hand flach auf und die neue Bewegung beginnt. Es entsteht ein zickzackförmiges Gleiten.

Haargleiten

Das Haargleiten wird am Langhaar des Pferdes ausgeführt – ob Schopf, Mähne oder Schweif – es wirkt entspannend, stresslindernd und tut sowohl dem Pferd als auch dem Menschen gut.

Zuordnung Bewusstseinsfördernder TTouch, Körperteil-TTouch
Druckstärke 1 bis 3
Wirkung Vorbereitung zum Einflechten, entspannt Hals, Schultern und Rücken, fördert die Durchblutung
Körperbereiche Schopf, Mähne, Schweif

WOZU?

Haargleiten wirkt entspannend auf dich und das Pferd und ist eine angenehme und gute Erfahrung. Es ist hilfreich für Pferde, die auf das Putzen vorbereitet werden oder die beim Bürsten oder Einflechten Stresssymptome zeigen. Über die Haarwurzel besteht eine Verbindung zum Nervensystem, daher ist dieser TTouch auch hilfreich bei neurologischen Problemen. Haargleiten ist auch gut für Pferde, die bis in versammelnde Lektionen gearbeitet werden. Und das Haagleiten verbessert die Durchblutung.

SO GEHT'S

Schopf Stelle dich neben das Pferd und fordere es auf, den Kopf zu senken. Umfasse den Schopf an der Basis zwischen den Pferdeohren, mache damit eine kreisende Bewegung an der Basis und gleite dann an den Haaren nach unten. Wiederhole diesen Ablauf mehrmals nacheinander.

Mähne Nimm ein Mähnenbüschel von 2 bis 3 cm Breite und streiche es vom Ansatz bis zu den Spitzen senkrecht nach oben aus. Dies ist besonders nützlich bei Pferden, die sich gegen das Verziehen oder Ausdünnen der Mähne durch Ausreißen kleiner Strähnen wehren. Zur optimalen Entspannung sollte das Pferd den Hals ungefähr waagrecht halten. Beginne dort, wo es dem Pferd am angenehmsten ist, im Allgemeinen in der Mähnenmitte.

Schweif Stelle dich außerhalb der Gefahrenzone neben das Pferd. Halte den Schweif mit einer Hand, nimm eine dünne Strähne Schweifhaare in die andere und streiche diese langsam bis zu den Spitzen aus. Dies hat eine neurologisch beruhigende Wirkung und ist besonders hilfreich bei Pferden, die Angst vor Bewegungen hinter sich haben.

LINDAS TIPP

Haargleiten beruhigt Pferde, die nervös sind und wirkt am Schweif auf die gesamte Hinterhand und die Schweifrübe entspannend.

Skara steht neben Calli und fordert ihn auf, den Kopf zu senken. Sie umfasst den Schopf an der Basis und macht damit eine kreisende Bewegung.

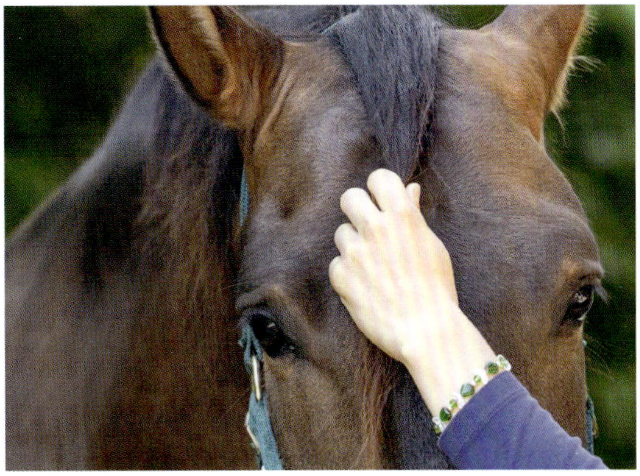

Skara gleitet dann an den Schopfhaaren nach unten. Sie wiederholt diesen Ablauf mehrmals nacheinander.

Zur optimalen Entspannung sollte das Pferd den Hals ungefähr waagrecht halten. Luna beginnt bei Emil in der Mitte der Mähne.

Sie nimmt ein Mähnenbüschel und streicht es vom Ansatz bis zu den Spitzen senkrecht nach oben aus.

Luna positioniert sich außerhalb der Gefahrenzone neben Emil. Sie hält den Schweif mit einer Hand und nimmt eine Strähne nach der anderen.

Luna streicht die Strähne langsam bis zu den Spitzen aus. Dies hat eine beruhigende Wirkung.

Bauchheben

Das Bauchheben ist für Pferde mit Kolik, Sattelzwang, Rückenbeschwerden und für tragende Stuten eine Wohltat. Pferde entspannen beim Bauchheben ihre Bauchmuskeln und vertiefen ihre Atmung.

Zuordnung TTouch für die Gesundheit, Körperteil-TTouch
Druckstärke 2 bis 5
Wirkung Krampflösend bei Kolik, aktiviert die Darmtätigkeit (Darmgeräusche), entspannt die Rückenmuskulatur, entlastend für tragende Stuten und bei Senkrücken, vermindert Kitzligkeit und Gurtzwang, für junge Pferde zur Vorbereitung des Sattelns
Körperbereiche Bauch

WOZU?

Bei dieser Übung verringern wir kurzfristig den Effekt der Schwerkraft und entspannen die Rückenmuskulatur. Bauch- und Rückenmuskeln können sich erholen. Bei Kolik können damit Krämpfe gelöst und die Peristaltik – die natürliche Bewegung der Eingeweide und die Darmtätigkeit – reaktiviert werden. Die meisten Pferde holen beim Bauchheben tief Luft und senken den Kopf – sie zeigen Zeichen der Entspannung –, Stress und Anspannung verschwinden.

SO GEHT'S

Für die Vertrauensbildung zeigst und streichst du den Körper deines Pferdes mit der 10 cm breiten Bandage ab,

LINDAS TIPP

Du kannst das Bauchheben auch mit dem Sattelgurt machen, vor allem bei Pferden, die sich beim Satteln aufblähen, Sattelzwang haben oder beim ersten Satteln von jungen Pferden. Halte den Sattel mit einer Hand an Ort und Stelle und ziehe mit der anderen den Sattelgurt langsam nach oben.

2

1. Carina zeigt Emil das Badehandtuch und lässt ihn daran schnuppern.

2. Das auf eine Breite von zehn bis zwanzig Zentimetern gefaltete Tuch wird von Carina langsam gehoben und heruntergelassen. Emils Gesichtsausdruck und Körperhaltung zeigen, dass er die Behandlung genießt.

die nachher um den Bauch gelegt wird. Stelle dich z. B. auf die linke Seite deines Pferdes und lege die Bandage über den Rücken. Fange in der Gurtregion an.

Hole dir das untere Ende unter dem Bauch zu dir herüber, halte das andere Ende über dem Rücken fest und ziehe den unteren Teil der Bandage langsam mit deiner Hand so weit nach oben, wie es für das Pferd bequem ist und es ruhig stehen bleibt. Halte es dort etwa sechs Sekunden. Bei nervösen Pferden halte kürzere Zeit, bei Pferden, die das Bauchheben genießen, kannst du auch länger halten.

Lockere dann langsam in circa zehn Sekunden den Zug, bis die Bandage locker ist. Das langsame und sanfte Nachlassen ist das Wichtigste beim Bauchheben und bringt den größten entspannenden Effekt.

WAS MACHST DU, …

… wenn dein Pferd Kolik hat: Rufe als Erstes den Tierarzt. Beginne mit den Ohren-TTouches, um die Schmerzen zu reduzieren, und fahre dann mit dem Bauchheben fort. Beides ist effektiver, als ein Pferd zu führen.

DENKE DARAN, …

… versuche gleichmäßig zu atmen. Stelle deine Füße etwa hüftbreit auseinander, und halte deine Knie locker und nicht durchgedrückt, damit du nicht verkrampfst. Es ist wichtig, dass du die Bandage oder das Tuch aus deiner Körpermitte heraus anhebst und nicht nur mit deinen Armen, damit du deinen Rücken schonst.

… wenn du keine Bandage zur Hand hast, benutze ein langes Badehandtuch, das du der Länge nach auf etwa 15 cm Breite zusammenfaltest.

Für die Vertrauensbildung zeigt Carina Emil zuerst die Bandage.

Carina streicht Emils Körper mit der zehn Zentimeter breiten Bandage ab.

Carina beginnt auf Emils linker Seite und legt die Bandage über den Rücken.

Die rechte Hand hält die Bandage, die linke Hand hebt sie nach oben.

Zehn Sekunden dauert das Reduzieren des Zugs, bis die Bandage locker ist.

BAUCHHEBEN MIT BANDAGE

Carina verschiebt die Bandage jeweils eine Bandagenbreite weiter am Bauch entlang bis zur Flankengegend, aber nur so weit, wie es für das Pferd angenehm ist.

Raupen-TTouch

Mit diesem angenehmen, entspannenden TTouch, der mit beiden Händen ausgeführt wird, kann man Hals und Schultern lösen. Im Verlauf dieser Arbeit wird das Pferd den Kopf auf Widerristhöhe sinken lassen.

LINDAS TIPP
Um gut und bequem an den Mähnenkamm eines großen Pferdes zu gelangen, kannst du dich auf einen stabilen Hocker neben das Pferd stellen. Aber natürlich nur, wenn das Pferd gelernt hat, ruhig zu stehen.

Zuordnung Bewusstseinsfördernder TTouch, streichender TTouch
Druckstärke 2 bis 3
Wirkung Löst Spannungen in Hals und Schultern, senkt den Pferdekopf, entspannt das ganze Pferd
Körperbereiche Mähnenkamm, Oberlinie, Kruppe

WOZU?

Der Raupen TTouch unterstützt das Senken des Pferdekopfes und ist hilfreich, um das Pferd körperlich und mental zu entspannen.

SO GEHT'S

Lege beide Hände in einem Abstand von fünf bis zehn Zentimetern auf den Mähnenkamm. Verwende nur so wenig Druck, mit dem sich die Haut gerade eben verschieben lässt. Arbeite mit beiden Händen gleichzeitig, indem du die Hände erst sanft und langsam zusammenschiebst, kurz pausierst und anschließend die Haut wieder in ihre Ausgangsposition zurückbegleitest. Das Auseinanderführen der Hände soll dabei etwa doppelt so lange dauern wie das Zusammenschieben, dies begünstigt den entspannenden Effekt. Führe den nächsten Raupen-TTouch ein Stück daneben in Richtung Kopf oder in Richtung Widerrist aus. Deine die Bewegungen begleitende Atmung kann die Entspannung noch vertiefen. Atme beim Zusammenschieben ein, beginne mit dem Ausatmen während der Pause und beende es während des Zurückbegleitens der Haut. Du kannst den gesamten Mähnenkamm mit Raupen-TTouches behandeln.

1. Schiebe die Hände erst sanft und langsam zusammen, pausiere kurz und begleite anschließend die Haut wieder in ihre Ausgangsposition zurück.

2. Das Auseinanderführen der Hände soll etwa doppelt so lange dauern wie das Zusammenschieben, dies begünstigt den entspannenden Effekt.

DENKE DARAN, ...

... das Mähnenverziehen ist eine Notwendigkeit für die meisten Dressurreiter, die ihre Pferde regelmäßig einflechten. Es muss nicht stressig oder schmerzhaft für das Pferd sein. Der Raupen-TTouch entlang des Mähnenkamms und das Haargleiten sind gute Ideen, um das Pferd aufs Ausdünnen der Mähne vorzubereiten.

... ziehe dem Pferd immer nur wenige Haare auf einmal aus, halte die Haare gerade nach oben, so wie sie aus der Wurzel herauswachsen. Versuche, die Mähne regelmäßig zu verziehen, jedes Mal ein paar Haare, anstatt alle auf einmal.

... du kannst den Raupen-TTouch auch am Rücken und auf der Kruppe ausführen, dort liegen die Hände flacher auf als auf der Mähne.

3. Relana führt den nächsten Raupen-TTouch ein Stück neben dem vorherigen in Richtung Kopf aus.

Ohren-TTouch

Mit den Ohren-TTouches beeinflusst du den gesamten Körper. Du·kannst ein nervöses, ängstliches Pferd beruhigen oder ein erschöpftes Tier stärken und auch Schmerzen lindern.

LINDAS TIPP
In einem Notfall, z. B. bei einem Pferd mit starker Kolik, Schock oder Erschöpfung, mache die Ohren-TTouches schnell und kräftig. Denke aber daran, dass es nicht den Tierarzt ersetzt, rufe ihn auf jeden Fall zuerst an!

Zuordnung TTouch für die Gesundheit, Körperteil-TTouch
Druckstärke 1 bis 5
Wirkung Im Notfall, bis der Tierarzt eintrifft, beruhigt Nervosität, Angst, belebt bei Erschöpfung, Müdigkeit, reguliert Temperatur, Puls und Atmung, kräftigt Immunsystem, Schmerzlindern, Kreislaufanregend, löst Genick und Kiefermuskulatur
Körperbereiche Ohren

WOZU?

Die Wirksamkeit der Ohren-Arbeit ist aus der Akupunktur bzw. Akupressur bekannt. Die TTouches um die Ohrbasis wirken auf den Dreifachen-Erwärmer-Meridian, der die Verdauung, Atmung und Fruchtbarkeit beeinflusst. Am Ohr selbst befinden sich Punkte, die Verbindung zu allen Teilen des Körpers haben. Werden sie stimuliert, wirkt sich das positiv auf das Immunsystem aus. An der Ohrspitze liegt der Schockpunkt. Wird er in einer Schocksituation angeregt, kann es das Leben deines Pferdes retten. Du solltest allerdings immer das gesamte Ohr ausstreichen, um den ganzen Körper zu aktivieren.

DENKE DARAN, ...

... wenn du ein Pferd z. B. vor einem Turnier, einem Ausritt an einem kalten oder windigen Tag beruhigen möchtest, mache fünf Minuten lang langsame Ohren-TTouches, bevor du aufsitzt. Dies kann dir eine halbe Stunde abreiten ersparen.
... in der Ruhe liegt der Durchschnittswert bei einem Pferd für den Puls bei 28 bis 44 Schlägen pro Minute, für die Atmung bei 12 bis 20 Atemzügen pro Minute. In einer Stress-Situation sind mehr Atemzüge nicht ungewöhnlich.

1. Linda steht vor Emil. Sie beginnt mit Liegender-Leopard-TTouches an der Stirn.

2. Um an die Ohren zu gelangen, macht Linda Lama-TTouches über den Ohren.

1

2

Sie streicht das Ohr mit der Hand von der Basis bis zur Ohrspitze entweder zur Seite oder etwas nach vorne aus.

Das Gleiten endet an der Ohrspitze. Es folgen mehrere Striche hintereinander.

Als nächsten Schritt lässt Linda den Daumen in das Ohrinnere gleiten, während sie das Ohr ausstreicht.

Linda platziert die andere Hand an der entgegengesetzten Seite des Nasenriemens als Balance-Ausgleich.

Weil Emil das Ausstreichen akzeptiert und genießt, kann Linda beide Ohren gleichzeitig ausstreichen.

OHREN SCHAUKELN

Wenn ein Pferd wie Emil die Ohren-TTouches genießt, kannst du die Ohren locker hin und her schaukeln, das entspannt die Genick- und Nackenpartie.

Maul-TTouches

Die Maul-TTouches wirken auf das limbische System im Gehirn und beeinflussen die Emotionen und die Lernfähigkeit. Dein Pferd wird kooperativer, freundlicher und vertrauensvoller.

Zuordnung Vertrauensbildender TTouch, Körperteil-TTouch
Druckstärke 1 bis 3
Wirkung Vorbereitung auf Wurmkur, tierärztliche Behandlungen, Mundstück; gewöhnt an Berührungen am Kopf, hilfreich bei Head-Shaking-Syndrom, Allergien, Nervosität, Unausgeglichenheit
Körperbereiche Maul, Lippen, Nüstern

WOZU?

Das Maul hat eine direkte Verbindung zum limbischen System im Gehirn, das die Emotionen und das Lernzentrum kontrolliert. Maul-TTouches sind hilfreich für Pferde, die nervös sind oder beißen und als Vorbereitung für Wurmkuren und Zahnbehandlungen. Auch als Übung für Pferde, die lernen sollen, das Gebiss zu akzeptieren.

SO GEHT'S

Senke den Kopf deines Pferdes. Stelle dich in dieselbe Blickrichtung wie dein Pferd, und halte es mit einer Hand am Halfter. Beginne mit Muschel-TTouches um das ganze Maul und das Kinn herum. Befeuchte deine Hand mit Wasser, damit du leichter über das Zahnfleisch gleiten kannst, falls das Maul trocken ist. Schiebe deine flache Hand von der Seite zwischen Oberlippe und Zahnfleisch. Bewege deine Hand vier bis fünf Mal waagerecht streichend über das Zahnfleisch des Oberkiefers hin und her. Passe auf, dass deine Finger nicht zwischen die Zähne geraten, und bleibe mit den Fingern unter der Oberlippe. Streiche sanft beide Nüstern zwischen Daumen und Fingern aus und bewege auch die Haut der Nüstern.

DENKE DARAN, ...

... dass die Arbeit im Maul eine neue Erfahrung für dein Pferd ist. Falls es den Kopf wegzieht, halte ihn am Halfter still und bringe deinem Pferd bei, den Kopf zu senken. Wenn dein Pferd Probleme beim Auftrensen hat, kannst du diese durch Maul- TToches, Ohren-TTouches und Kopfsenken lösen.

WAS MACHST DU, ...

... wenn dein Pferd den Kopf hochhält: Fixiere den Kopf des Pferdes für kurze Zeit oben, indem du mit deiner Hand den Unterkiefer nach oben drückst. Die meisten Pferde senken danach willig ihren Kopf. Deine Beharrlichkeit macht sich in der Veränderung des Verhaltens bezahlt.
... wenn dein Pferd schnappt oder beißt: Probiere den Maul-TTouch vorher an einem friedlichen Pferd aus, bis du Übung hast. Gerade Pferde, die schnappen oder beißen, zeigen erstaunliche positive Verhaltensänderungen durch Maul-TTouches.

1. Beginne mit Muschel-TTouches um das ganze Maul und das Kinn herum.

2. Befeuchte deine Hand mit Wasser, falls das Maul trocken ist.

3. Schiebe deine flache Hand von der Seite zwischen Oberlippe und Zahnfleisch.

4. Bewege die Hand vier bis fünf Mal waagerecht streichend über das Zahnfleisch des Oberkiefers hin und her.

5. Streiche sanft beide Nüstern zwischen Daumen und Fingern aus.

Schweif-TTouches

Durch die Schweif-TTouches kannst du das Verhalten, die Körperhaltung, die Körperbewusstheit, das Nervensystem und die Muskulatur deines Pferdes positiv beeinflussen.

Zuordnung Vertrauensbildender TTouch, Körperteil-TTouch
Druckstärke 1 bis 3
Wirkung Überwindet Angst vor Bewegungen oder Geräuschen, die von hinten kommen, Angst vorm Verladen, löst angespannte Rücken- und Halsmuskeln, reduziert Schweifschlagen, Vorbereitung auf Schweifriemen, Fiebermessen, Deckakt, hilfreich zum Pferdekopf senken
Körperbereiche Schweif

WOZU?

Die Schweif TTouches sind hilfreich für Pferde, die Angst vor Geräuschen oder Bewegungen von hinten haben. Ängstliche Pferde klemmen oft den Schweif ein. Durch Lockerung dieser Verspannung können wir ihr Verhalten verändern und ihr Selbstvertrauen stärken. Außerdem können Rücken- und Halsverspannungen gelockert werden.

SO GEHT'S

Schweifkreisen Stelle dich in sicherer Position neben dein Pferd. Leite die Behandlung mit Muschel-TTouches und Wolken-Leopard-TTouch rund um den Schweif ein. Hebe die Schweifrübe vorsichtig an. Unterstütze mit einer Hand die Schweifrübe, indem du sie auf der Unterseite des Schweifansatzes hältst. Mit der anderen Hand umfasst du den Schweif weiter unten. Forme den Schweif wie ein Fragezeichen. Kreise den Schweif in dieser Haltung langsam wie einen Propeller im und gegen den Uhrzeigersinn herum.
Schweifziehen Mit einer Hand hältst du den Schweif nahe am Ansatz, die andere umfasst die Schweifrübe in einem bequemen Abstand. Verlagere dein Gewicht auf deinen hinteren Fuß. Bleibe in dieser Position für circa vier Sekunden, und verlagere dein Gewicht wieder langsam auf beide Füße zurück. Diese Bewegung wird nicht mit Kraft, sondern vorsichtig und mit Einfühlungsvermögen ausgeführt.
Beckenkippen Drücke mit beiden Fäusten auf Höhe der Sitzbeinhöcker in Richtung Brust des Pferdes. Halte

LINDAS TIPP
Du solltest sicher sein, dass dein Pferd nicht schlägt. Vorsichtshalber raten wir immer, zuerst TTouches um die Schweifgegend herum zu machen.

den Druck für ein paar Sekunden und lasse langsam wieder los.

Perlenkette Die Schweifwirbelsäule wie eine Perlenkette biegen: Nimm den Schweif in beide Hände, sodass die Finger auf der Unterseite der Schweifrübe und die Daumen oben am Schweif sind. Der Daumen liegt näher an der Schweifrübe als die Finger. Bewege jeden einzelnen Wirbel nach oben und zurück. Beginne am Schweifansatz und gleite mit den Händen Wirbel für Wirbel nach unten.

DENKE DARAN, …

… falls du ein Pferd mit lockerem Schweif hast, dann solltest du die Verbindung der Schweifrübe zum Körper verstärken. Halte dazu die Schweifrübe mit beiden Händen direkt am Ansatz, und anstatt an der Schweifrübe zu ziehen, drücke die Schweifrübe in Verlängerung des Kreuzbeines an den Körper. Achtung: Bei lockerem Schweif niemals daran ziehen!

WAS MACHST DU, …

… wenn dein Pferd ausschlägt oder nicht stehenbleibt: Wenn dein Pferd die Tendenz hat auszuschlagen, lasse diese Übungen aus, bis dein Pferd die Angst vor der Berührung von hinten verloren hat. Falls es während des Schweifziehens oder Beckenkippens nicht still steht, dann mache die Bewegungen langsamer und mit weniger Druck.

Luna hebt vorsichtig den Schweif und bewegt ihn zu Seite, um festzustellen, wie beweglich er ist.

1. SCHWEIFKREISEN: Stelle dich in sicherer Position neben dein Pferd.

2. Leite die Behandlung mit Muschel-TTouches und Wolken-Leopard-TTouch ein.

3. Unterstütze mit einer Hand die Schweifrübe nah am Schweifansatz.

4. Kreise den Schweif in dieser Haltung langsam wie einen Propeller im und gegen den Uhrzeigersinn herum.

SCHWEIFZIEHEN Mit einer Hand hältst du den Schweif nahe am Ansatz, die andere umfasst die Schweifrübe in einem bequemen Abstand. Verlagere dein Gewicht auf deinen hinteren Fuß. Bleibe in dieser Position für circa vier Sekunden, und verlagere dein Gewicht wieder langsam auf beide Füße zurück. Diese Bewegung wird nicht mit Kraft, sondern vorsichtig und mit Einfühlungsvermögen ausgeführt.

BECKENKIPPEN Emil hat die Gelegenheit, sich nach hinten umzublicken, was Luna hinter ihm macht.

Luna drückt mit beiden Fäusten auf Höhe der Sitzbeinhöcker in Richtung Brust des Pferdes. Sie hält den Druck für ein paar Sekunden und lässt langsam wieder los.

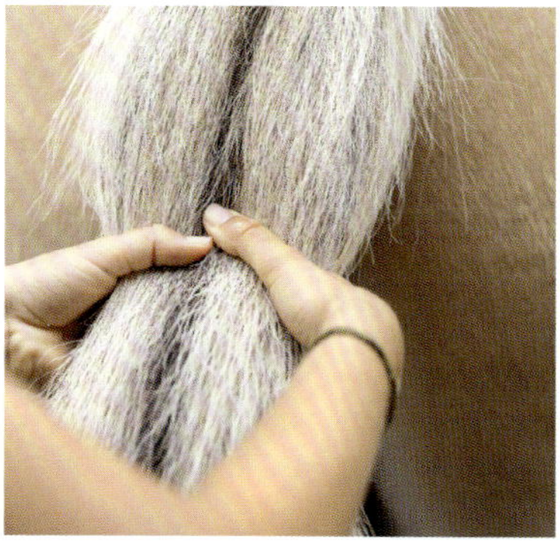

PERLENKETTE Luna nimmt den Schweif in beide Hände, sodass die Finger auf der Unterseite der Schweifrübe liegen.

Beginne am Schweifansatz mit dem TTouches an den Wirbeln.

Gleite mit den Händen Wirbel für Wirbel weiter nach unten.

Beinkreise vorn

Das Beinkreisen fördert Trittsicherheit, Bewegungsfreiheit und Balance deines Pferdes. Es ist auch eine gute Vorübung für das Hufegeben und es bereitet dein Pferd auf den Hufschmied vor.

Zuordnung Vertrauensbildender TTouch, Körperteil-TTouch
Wirkung Fördert Gleichgewicht und Raumgriff, vergrößert den Bewegungsradius, löst Spannungen in Schultern, Rücken und Hinterhand, verbessert das Gleichgewicht
Körperbereiche Vorderbeine

WOZU?

Durch diese Bewegung entspannt dein Pferd seine Muskeln von der Schulter bis in den Hals und in den Rücken hinein. Es verbessert den Tritt und ist hilfreich für Pferde, die stolpern oder die Hufe nicht geben wollen.

SO GEHT'S

Stelle dich neben das Vorderbein und bereite das Pferd auf das Hufegeben vor. Hebe das Pferdebein auf ein Signal hin auf. Kreise das Bein in beide Richtungen. Dafür benutzt du deinen ganzen Körper, nicht nur die Arme, siehe Seite 72.
Umfasse mit einer Hand das Fesselgelenk. Mit der anderen hältst du den äußeren Hufrand, den Daumen auf der Hufsohle. Das Fesselgelenk soll dabei gerade bleiben, und die Hufsohle senkrecht zum Boden stehen. Beginne das Beinkreisen unterhalb des Vorderfußwurzelgelenks des gegenüberliegenden Beines. Kreise das Bein parallel zum Boden. Um die größtmögliche Bewegungsfreiheit in der Schulter zu bekommen, achte darauf, dass der Kreismittelpunkt dort liegt, wo der Huf vorher gestanden hat. Um das Bein weit genug nach vorne und innen kreisen zu können, stabilisiere mit deinem Unterarm das Röhrbein, um das Vorderfußwurzelgelenk vor einer Verdrehung zu schützen.
Kreise das Bein in beide Richtungen in verschiedenen Höhen, bis du die Hufspitze locker auf den Boden aufsetzen kannst. Wenn sich dein Pferd entspannt hat, behält es diese Schonhaltung noch einen Augenblick oder auch längere Zeit bei.
Das Beinkreisen in wechselnden Kreisrichtungen bis zum Boden: Mache zwei Kreise linksherum, und die nächsten zwei Kreise anschließend rechtsherum. Du kannst auch kleine Kreise auf der Kreislinie des großen Kreises machen.

DENKE DARAN, ...

... mache das Beinkreisen aus deinem Becken, den Knien und den Füßen heraus. Halte deinen Rücken locker und gerade. Es kann hilfreich sein, den Ellbogen auf dem äußeren Knie abzustützen.
... mache nur kleine, einfache Kreise bei Pferden mit Arthrose.

Beinkreise vorn

Stelle dich neben das Vorderbein und bereite das Pferd auf das Hufegeben vor.

WAS MACHST DU, ...

... wenn dein Pferd die Tendenz hat, sein Bein wegzuziehen oder mit dem Bein zu zappeln: Nicht auf einen Kampf einlassen. Denke daran: zu einem Streit gehören immer zwei! Statt das Bein krampfhaft festzuhalten, schüttle es einmal leicht oder lasse zu, dass das Pferd es noch einmal absetzt, um sich neu auszubalancieren. Beim nächsten Versuch mache nur ein bis zwei kleine, schnelle Kreise und lass das Bein wieder los. Dies machst du ein paar Mal, bis sich seine Balance verbessert und es die Angst, auf drei Beinen zu stehen, verliert.

... wenn sich dein Pferd, wenn du den Huf anhebst, auf dich lehnt: Halte das Fesselgelenk immer so, dass es auf der Außenseite des Ellbogens ist. Der Grund, warum sich dein Pferd auf dich lehnt, ist meistens, dass das Fesselgelenk nicht gerade und dass das Bein nicht hoch genug gehalten wird.

LINDAS TIPP

Pferde, die sich beim Hängerfahren gegen die Wand lehnen oder nicht still stehen, verbessern durch die Beinarbeit ihre Balance und werden im Hänger sicherer.

1. Hebe das Pferdebein auf ein Signal hin auf. Kreise das Bein in beide Richtungen.

2. Mit der anderen hältst du den äußeren Hufrand, den Daumen auf der Hufsohle. Beginne das Beinkreisen unterhalb des Vorderfußwurzelgelenks des gegenüberliegenden Beines.

3. Kreise das Bein parallel zum Boden. Um die größtmögliche Bewegungsfreiheit in der Schulter zu bekommen, achte darauf, dass der Kreismittelpunkt dort liegt, wo der Huf vorher gestanden hat.

4. Kreise das Bein in beide Richtungen in verschiedenen Höhen, bis du die Hufspitze locker auf den Boden aufsetzen kannst.

5. Bewege das Bein mit deinem ganzen Körper, nicht nur mit den Armen.

Beinkreise hinten

Das Beinkreisen hinten verbessert die Balance, das Selbstvertrauen, die Körperbewusstheit, die Trittsicherheit und die Länge der Tritte deines Pferdes. Das sind alles sehr positive Faktoren, um dein Pferd gut ausbilden und reiten zu können.

Zuordnung Vertrauensbildender TTouch, Körperteil-TTouch
Wirkung Fördert Gleichgewicht und Raumgriff, vergrößert den Bewegungsradius, löst Spannungen in Rücken und Hinterhand, verbessert das Gleichgewicht
Körperbereiche Hinterbeine

WOZU?

Durch die ungewohnten Bewegungen bei der Beinarbeit bekommen Pferde mehr Kraft und Stabilität in der Hinterhand und die Bewegungsfreiheit der Tritte vergrößert sich. Durch die Kreise entspannt das Pferd die Muskulatur der Hinterhand, verbessert sein Gleichgewicht und kann auch länger beim Schmied still stehen.

WAS MACHST DU, ...

... wenn dein Pferd Schwierigkeiten bei Seitwärtsgängen oder fliegenden Wechseln hat: Durch das Kreisen unter dem Bauch lehrst du deinem Pferd, die Hinterbeine ohne das Gewicht des Reiters frei nach vorne und zur Seite zu bewegen. Dadurch wird es für dein Pferd leichter, die Seitengänge auszuführen. Für die fliegenden Wechsel lernt dein Pferd, die Beine differenziert zu bewegen, welches die Wechsel vereinfacht.
... wenn ein Pferd das Gleichgewicht verliert, sobald du mit dem Hinterbein Kreise von mehr als 15 cm Durchmesser zu machen versuchst, ist Vorsicht geboten. Es kann ein Anzeichen für einen verspannten oder

Schonhaltung
So sollte das Pferd das Bein nach dem Beinkreisen eine Weile entspannt auf der Spitze aufsetzen.

Beim linken Hinterbein greift Luna mit der rechten Hand um den Huf und mit der linken von hinten um das Röhrbein.

Luna beginnt mit der Kreisbewegung auf der Höhe, die Emil anbietet. Sie probiert verschiedene Kreisdurchmesser aus und auch beide Richtungen.

Emil setzt den Huf etwas hinter der Stelle auf der Hufspitze ab, wo er vorher gestanden hatte. Er sollte den Huf auf der Hufspitze abstellen, so wie er das in der Schonhaltung tun würde.

LINDAS TIPP

Falls dein Pferd sein Bein nicht lange hochhalten kann, mache ein bis zwei schnelle Kreise, und lasse es wieder herunter.

schmerzenden Rücken sein. Wende keine Kraft an, versuche nicht, das Bein über die bequeme Haltung hinaus zu ziehen, sondern begnüge dich mit kleinen Kreisen. Nach einigen Tagen vorsichtig erneut probieren.
... begnüge dich bei Pferden mit Arthrose und Spat mit kleinen Kreisen und hebe das Bein nicht zu hoch.

DENKE DARAN, ...

... dass manche Pferde Schwierigkeiten oder Angst haben, ihre Hinterbeine aufzuheben. Entweder sie schlagen aus, lehnen sich an dich oder heben den Huf gar nicht erst vom Boden. Streiche das Bein ruhig mit der Gerte als verlängerter Arm ab. An der Brust beginnen, dann die Vorderbeine abstreichen, den Rumpf und die Hinterbeine von oben nach unten (Seite 32). Dadurch verliert es seine Angst vor Berührungen, es wird an seine Verbindung zum Boden „erinnert" und kommt besser ins Gleichgewicht.

BEINKREISE

Das Beinkreisen der Hinterbeine verbessert das Gleichgewicht des Pferdes und ist eine sehr gute Vorbereitung auf das Hufeauskratzen und den Besuch beim Hufschmied.

TELLINGTON-BODENARBEIT

HARMONISCHES FÜHREN

Wenn wir es schaffen, aus dem Führen ein positives Erlebnis zu machen, vertiefen wir das Verständnis und die Partnerschaft zwischen Pferd und Mensch.

Führtraining und Lernparcours

Die Tellington-Bodenarbeit verbessert die Balance, die Leistungsfähigkeit deines Pferdes, sie reduziert Stress, fördert das Selbstvertrauen und vertieft die Partnerschaft zu deinem Pferd. Bodenarbeit bringt Abwechslung in das tägliche Training und dein Pferd lernt, leichte und auch komplizierte Bodenhindernisse zu bewältigen.

BODENARBEIT – WOZU?

Die meisten Menschen verbringen viel Zeit damit, ihr Pferd vom Stall auf die Weide, zum Putzplatz, auf den Reitplatz oder in die Halle zu führen. Sie nehmen das Führen als selbstverständlich an und sind sich der fabelhaften Gelegenheit gar nicht bewusst, ihrem Pferd dabei Gehorsam, Geduld, Gleichgewicht, Koordination, Konzentration und Selbstdisziplin beizubringen – lauter Eigenschaften, die für das Reiten genauso wichtig sind. Es ist also von Vorteil, dem Führen mehr Aufmerksamkeit zu schenken. Die Tellington-Führübungen erhöhen die Bereitschaft des Pferdes zur Kooperation und verbessern seine körperliche Koordination ebenso wie das gegenseitige Vertrauen.

Es gibt im Tellington-Training verschiedene Führpositionen, die – wie auch die TTouches – meistens einen Tierbezug haben. Namen wie Eleganter Elefant, Dingo oder Tanzende Kobra tragen dazu bei, sich die Übungen besser einprägen zu können und ergänzen ein humorvolles Element. Humor erzeugt Emotionen, diese regen die Hirntätigkeit an und verbessern die Lernfähigkeit.

HINDERNISSE – WOZU?

Ein weiterer grundlegender Bestandteil der Tellington-Bodenarbeit sind die Hindernisse wie das Labyrinth, der Stern und die Arbeit mit Stangen und Plastikfolien. Durch das Hindernistraining lernt das Pferd seinen Körper so zu benutzen, dass Gleichge-

LINDAS TIPP

Mit der Kombination von Führleine und Gerte erreichst du mit weicher Hand Kontrolle über dein Pferd. Beide Hilfsmittel erleichtern die Aus- und Weiterbildung deines Pferdes.

1

2

1. Skara und Calli sind im Gelände unterwegs. Die Führposition wird Eleganter Elefant genannt: Die Gerte wird etwa in der Mitte und mit dem Knauf zum Pferd hin ausgerichtet geführt.

2. Das Führen von der rechten Seite wird selten genutzt, dabei verbessern sich durch den Seitenwechsel die Fertigkeiten von Mensch und Pferd.

wicht, Selbstdisziplin, Präzision, Feinmotorik und die Auge-Huf-Koordination verbessert werden. Da die Art und Weise, wie es sich in den Hindernissen bewegen muss, ungewohnt ist, kann es diese Bewegung besser differenzieren und bekommt ein besseres Gefühl dafür, wie die Körperteile sich zu einem Ganzen verbinden. Und weil sich das Pferd feinmotorisch bewegen muss – im Labyrinth zum Beispiel einen Schritt machen und anhalten, zwei Schritte machen und anhalten, die Beine langsam setzen, um die Ecke biegen –, verbessern sich Koordination und Gleichgewicht und das Pferd wird kooperationswilliger. Der Stern verlangt eine weitere ungewohnte Bewegung: Das Pferd muss die Beine auf einer Seite höher heben als auf der anderen und sich biegen.
Jedes Mal, wenn wir mit einem Pferd umgehen, bringen wir ihm zugleich etwas bei – positiv oder negativ. Da die meisten von uns nicht unbegrenzt Zeit haben, mit ihrem Pferd zu arbeiten, erscheint es nur vernünftig, daraus jeweils ein positives Erlebnis zu machen, das das Verständnis und die Partnerschaft zwischen Mensch und Pferd vertieft.

DIE FÜHRPOSITIONEN …

… sind ungewohnt und regen das Pferd an, anders und besser denken zu lernen.
… helfen dem Pferd, sich ohne Reitergewicht auszubalancieren.
… bringen das Pferd dank unterschiedlicher Kopfhaltungen, leichter werdender Vorhand und der Aktivierung der Hinterhand in eine bessere Selbsthaltung.
… lehren das Pferd, erst auf ein Signal hin vorwärtszugehen.

DIE HINDERNISSE …

… verbessern das Selbstvertrauen des Pferdes, weil es eine neue Aufgabe mit Erfolg meistert.
… machen dem Pferd die Bewegungen seines Körpers bewusst, weil es dazu angeregt wird, über das, was es tut, nachzudenken.
… verdeutlicht dem Menschen, wie wichtig es ist, klare Signale zu geben und wie leicht diese sein können.

TIPPS FÜRS FÜHREN

Vergiss nicht, die Führleine wieder locker zu lassen, sobald du ein Signal gegeben hast. Vielleicht musst du es mehrfach wiederholen, bis das Pferd wirklich anhält. Ziehst oder zupfst du ständig an der Führleine, zieht das Pferd zurück oder geht im Kreis um dich herum.

Lasse dem Pferd etwas Zeit, das Signal zu verarbeiten und die Wünsche umzusetzen. Sei weich mit den Händen.

Zeichne mit der Gerte einen halben Meter vor dem Pferd eine „Stopp"-Linie in die Luft, gefolgt von ein- oder zweimaligem Antippen an die Brust. Das wirkt besser, als mit der Gerte vor der Nase herumzuwedeln.

Du hast mehr Kontrolle, wenn du vor oder neben der Pferdenase stehst statt auf Schulterhöhe. So kann das Pferd dich besser sehen und deine Signale erkennen und umsetzen.

Überholt dich das Pferd und will nicht stoppen, gehe in die Position Eleganter Elefant und halte es so an. Lasse es nicht an der Führleine ziehen, sodass das Pferd um dich herumgeht – das bringt es nur aus dem Gleichgewicht und macht es schneller. Es soll anhalten und stehen wie unter dem Sattel.

Übe das Führen von rechts. Es ist für euch beide ungewohnt – und du kommst dir beim ersten Mal vielleicht unglaublich ungeschickt vor – aber es bringt das Pferd ins Gleichgewicht und verbessert die Rechtsbiegung.

Nutze zum Anhalten ein lang gezogenes tief ausgesprochenes „Und hooo", bis das Pferd wirklich steht. Die besondere Tonlage hat Auswirkungen auf die Gehirnwellen des Pferdes.

Wiederholung ist nicht die beste Lernmethode. Zeigt das Pferd, dass es etwas verstanden hat, beende die Übung. Übungen zu wiederholen, macht das Training monoton. Vielmehr kommt es darauf an, die Übungen zu variieren. Du solltest die Anforderungen vereinfachen, wenn es schwierig wird, oder steigern, wenn es gut gelingt.

Pferde gewinnen Sicherheit und Selbstvertrauen im Lernparcours.

1

2

3

1. Calli und Ela in der Führposition Kleiner Gepard.

2. Und hier lernen Calli und Relana das Brett ...

3. ... und die Poolnudeln kennen.

... erfordern ständige Kommunikation zwischen Pferd und Mensch.
... können auch leichter gemacht werden, wenn ein Pferd Schwierigkeiten damit hat.

SO LERNST DU BODENARBEIT

Geht es dir auch so: Was du einmal bewusst gesehen und innerlich nachvollzogen hast, bleibt im Kopf verankert. Das Stichwort heißt Visualisierung und ist eine höchst erfolgreiche und schnelle Methode, Handgriffe oder Übungen mithilfe von Schritt-für-Schritt-Bildern zu lernen. In diesem Kapitel sind Fotoserien enthalten, die dir das Lernen und Nachmachen erleichtern sollen.
Du findest hier alle wichtigen Basis-Übungen, mit denen du dein Pferd mit feinen Signalen an der Hand führen kannst. Du brauchst dazu ein stabiles Halfter, eine Gerte und eine Tellington-Führleine.
Sobald dein Pferd die Grundlagen beherrscht, kommen die Bodenhindernisse an die Reihe. Im Labyrinth lernt dein Pferd, sich auszubalancieren, seine Beine bewusst zu bewegen und mitzudenken. Im Stern und im Mikado wird die Geschicklichkeit und die Trittsicherheit deines Pferdes gefördert. Das Brett, die Brücke und das Training mit Plastikfolie sind ein gutes Vertrauenstraining und bereiten dein Pferd auf das Verladen vor.

SICHERHEIT FÜR MENSCH UND PFERD

Trage feste Schuhe und lange Hosen. Mit Handschuhen kannst du die Führleine rutschfest und sicher in den Händen halten.
Nutze einen umzäunten Platz, vor allem, wenn du ein Pferd hast, das schwer zu kontrollieren ist. Dein Pferd soll sich auf das Training konzentrieren.
Die Weide ist kein geeigneter Platz, denn dein Pferd wird sich mehr für das Gras als für das Training interessieren oder sich von seinen Weidegenossen ablenken lassen.
Ein zweites oder drittes Pferd dabei zu haben, unterstützt das Lernen.

Der weiße Teil der Führleine verläuft über das Nasenband des Halfters. Die Signale werden fein und leicht gegeben.

Die Führleine in Kombination mit der Gerte hilft dir, dein Pferd sicher mit leichten und feinen Signalen zu kontrollieren.

Das Körperband ist ein Werkzeug, dass deinem Pferd eine Verbindung zwischen Vorhand und Hinterhand vermitteln, und dadurch ein sicheres Gefühl für den Körper.

Benutze stabile Hindernisbestandteile, also dicke Hindernisstangen und feste Bretter, die nicht brechen oder splittern können. Falls du Plastikstangen verwendest, fülle sie mit Sand, damit sie an Ort und Stelle bleiben. Nutze für alle Stangen Unterlagen, die ein Wegrollen verhindern.

Handschuhe sind für die Bodenarbeit empfehlenswert.

DAS BRAUCHST DU

– Für die Basisübungen: ein passendes stabiles Halfter mit großen Ringen, eine Tellington-Führleine und eine weiße Gerte; wenn ihr zu zweit führt, Führleine und Gerte in doppelter Ausführung; Handschuhe, Körperbänder.

– Für die Bodenhindernisse: verschiedene Utensilien wie Stangen, Cavaletti-Blöcke, ein stabiles Brett und Plastikfolien. Was du im Einzelnen für den Bau der Hindernisse brauchst, steht auf den entsprechenden Seiten.

LINDAS TIPP

Wir haben den Führübungen genauso wie den TTouches oft Tiernamen gegeben, die eine Assoziation erzeugen und die motivierend wirken.

1

Tellington-Körperbänder

Elastische Körperbänder sind Trainingswerkzeuge, die Unsicherheit und Angst abbauen helfen und die die Leistung des Pferdes steigern, weil sie ihm ein besseres Gefühl für seinen Körper vermitteln.

DAS BRAUCHST DU

– Ein bis zwei elastische Bandagen, 6 oder 10 cm Breite

WOZU?

Ein auseinandergefallenes Pferd kommt schneller wieder ins Gleichgewicht und seine Oberlinie erscheint „runder“. Bei der Bodenarbeit wirken Bänder beruhigend auf guckige Pferde und helfen sowohl bei Steifheit als auch gegen Wegstürmen und Phlegma. Dieser augenscheinliche Widerspruch erklärt sich daraus, dass das Band das Pferd ins Gleichgewicht bringt, egal wie sich das Ungleichgewicht äußert. Pferde, die erstarren – oft werden sie für widersetzlich gehalten –, fühlen sich ermutigt und das Selbstvertrauen wird gestärkt. Das wirkt sich auch positiv aus in Situationen wie bei der Behandlung von Hufschmied oder Tierarzt. Außerdem helfen die Bänder bei der Bewältigung neuer Aufgaben wie einen engen Gang zu passieren oder auf einen Hänger zu gehen.

DENKE DARAN, …

… gewöhne dein Pferd langsam an die Berührung, indem du die Bandage vorsichtig um die Hinterhand führst, ohne sie zu verknoten. Führe die Bandage zunächst über dem Schweifansatz locker um die Hinterhand. Gehe auf der gleichen Seite mit dem Führende ein paar Schritte. Wenn dein Pferd die Berührung akzeptiert, kannst du die Bandage strammer und etwas tiefer halten. Zeigt es keine Angst oder Unsicherheit, führe die Bandage unter dem Schweif entlang, und befestige sie mit einem Sicherheitsknoten.

… beim Reiten befestigst du das Körperband auf beiden Seiten des Sattels an den Gurtstrippen. Führe das Pferd im Schritt und im Trab zuerst an der Hand, bevor du aufsitzt, damit es sich an das Gefühl gewöhnt. Es muss sich hundertprozentig sicher damit fühlen. Das Reiten mit Körperband ist für guckige Pferde hilfreich, die ängstlich auf Bewegungen hinter sich reagieren oder die den Rücken wegdrücken.

Die Tellington-Bandagen sind zwei Meter lang und in verschiedenen Farben und Breiten erhältlich.

2

3

1. Die halbe Bandage wird um Brust und Rumpf geführt als Vorbereitung auf das Satteln.

2. Die Hauben-Bandage hilft bei hoher Kopfhaltung und bei Empfindlichkeit im Bereich der Ohren und des Genicks.

3. Die Bandage umschließt locker die Ohren und das Genick.

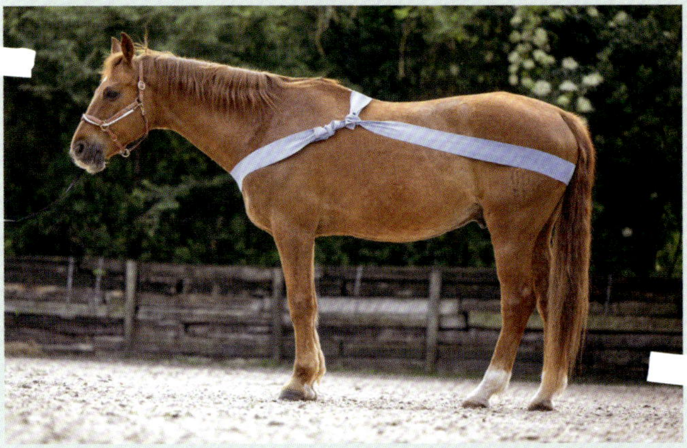

KÖRPERBAND ANLEGEN

Die hintere Bandage sollte etwas unterhalb der Sitzbeinhöcker verlaufen. Die Bandagen müssen so locker anliegen, dass sie nicht verrutschen können, aber dein Pferd auch nicht in seinen Bewegungen behindern.

BRÜCKEN-BANDAGE

1. Luna zeigt Wallach Rhodius die Bandage und lässt ihn daran riechen.

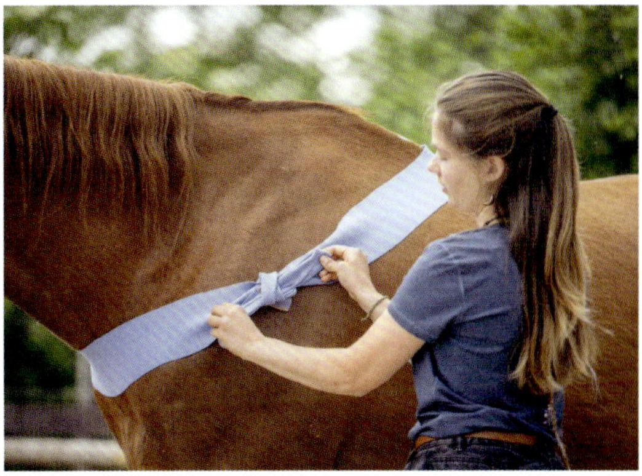

2. Sie schlingt eine Bandage um den Hals und verbindet sie mit einem Sicherheitsknoten.

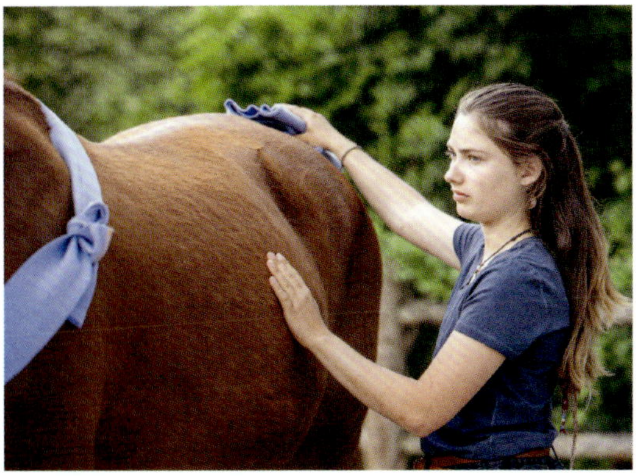

3. Luna streicht mit der zweiten Bandage zur Vorbereitung über den Rücken bis zur Kruppe.

4. Befestige die zweite Bandage mit einem Sicherheitsknoten am ersten Knoten.

5. Das andere Ende verknotet Luna auf der anderen Seite des Pferdes.

6. Die Bandage wird vorsichtig über den Schweif gezogen.

Anmutiger Gepard und Kleiner Gepard

Beim Führen in den Gepard-Positionen geht dein Pferd mit etwas mehr oder weniger Abstand neben dir, es gewinnt dabei Balance, Selbstkontrolle und Vertrauen. Der Gehorsam und die Aufmerksamkeit für feine Hilfen werden gesteigert und gefestigt.

DAS BRAUCHST DU

– Ein stabiles Halfter
– Eine Tellington-Führleine
– Eine weiße Gerte

WOZU?

In diesen Positionen lernt das Pferd zu denken, statt seinen Instinkten zu folgen, sowie auf leichte Hilfen mit Gerte und Führleine zu reagieren. Es beginnt, auf dich und deine Signale zu achten, auch wenn du nicht dicht neben ihm gehst. Du kannst ein nervöses Pferd zurückhalten und ein langsames oder unmotiviertes aktivieren, sodass es lernt, der Gerte zu folgen.

SO GEHT'S

Grundhaltung Die Führleine wird beim Führen von der linken Seite in einer Schlaufe in der linken Hand gehalten, der Daumen liegt auf der Leine. Die Gerte liegt mit in der Hand, die Gertenspitze zeigt nach vorne. Die rechte Hand hält die Führleine, Handfläche und Daumen zeigen nach oben.
Anmutiger Gepard Bleibe auf der Höhe des Pferdekopfes mit einem größeren Abstand. Wenn du auf der linken Seite deines Pferdes stehst, halte die Gerte am Knauf und die Führleine in der Schlaufe in der linken Hand. In deiner rechten Hand hältst du etwa die Mitte der Leine und bleibst mit deinem Körper etwa einen Meter vom Pferd entfernt.
Kleiner Gepard Die Körperhaltung ist dieselbe wie beim Anmutigen Gepard, nur mit einem geringeren Abstand zum Pferd. Die Gerte sollte etwas kürzer gehalten werden und die führende Hand hält die Führleine näher am Halfter, um mehr Kontrolle zu haben. Wir benutzen diese Übung für Pferde, die im Anmutigen Gepard zu wenig im Gleichgewicht sind. Aus dieser Position

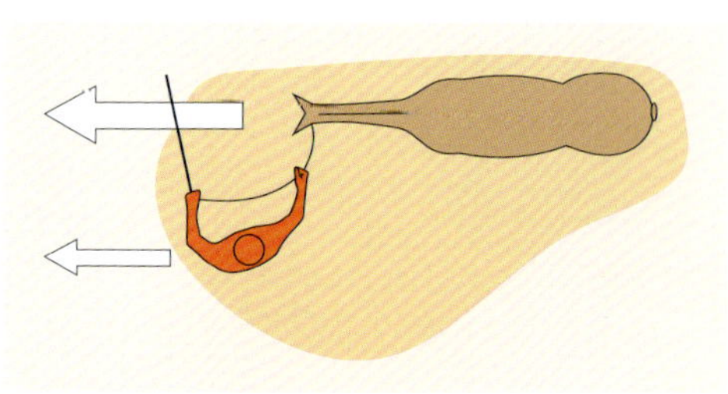

Die Führposition Anmutiger Gepard von oben gesehen.

1

2

3

heraus kann man das Pferd zum Anhalten auf die äußere Schulter mit der Gerte antippen.

Anhalten Bewege die Gerte zuerst langsam etwa einen Meter vor der Nase des Pferdes auf und ab, um es auf das Anhalten vorzubereiten. Die Bewegung sollte präzise und sicher sein. Mit einer klaren und zielgerichteten Bewegung „fliegt" die Gerte zur Brust des Pferdes und klopft sanft ein- oder zweimal darauf, während du „Und hooo" sagst. Währenddessen machst du mit deinem Körper eine Vierteldrehung zum Pferdekopf hin. Wenn das Pferd nicht direkt stoppt, fügst du ein Annehmen und Nachgeben-Signal an der Führleine hinzu.

DENKE DARAN, ...

... verschnalle die Führleine so, dass sie nicht länger als 12 bis 15 cm an der Seite des Halfters herausschaut.

... falls du ein Pferd hast, das nervös ist, zu viel Vorwärtsdrang zeigt oder gegen das Gebiss geht, nutze diese Übungen. Du kannst dem Pferd damit beibringen, langsamer zu werden, ohne am Halfter ziehen zu müssen. Damit dein Pferd das Tempo reduziert, tippe es mit der Gerte leicht an der Brust an. Falls dies nicht funktioniert, wechsle in die kleine Gepard-Position und kombiniere zum Anhalten das Gerten- und Führleinensignal.

1. Gerte und Führleine liegen in der linken Hand, die Gertenspitze zeigt nach vorn.

2. Anmutiger Gepard: Carina führt Calli mit größerem Abstand.

3. Kleiner Gepard: Der Abstand zum Pferd ist geringer und die führende Hand näher am Halfter.

Eleganter Elefant

Die Führposition Eleganter Elefant ist die stärkste und sicherste Führposition aus der Tellington-Bodenarbeit. Sie ist hilfreich bei Pferden, die Probleme mit der Balance haben und deshalb mehr Unterstützung beim Führen brauchen.

DAS BRAUCHST DU

- Ein stabiles Halfter
- Eine Tellington-Führleine
- Eine weiße Gerte

WOZU?

Pferde, die dazu neigen, am Führstrick nach vorne zu ziehen oder die Tendenz haben, sich loszureißen, sich nicht anhalten lassen oder, statt anzuhalten, um dich herumkreisen, sind mit dieser Führposition gut zu kontrollieren und anzuhalten, da die Führleine in beiden Händen liegt und die Gerte kurz und mit dem Knauf nach vorne gehalten wird. Das Pferd lernt, zum Losgehen der Gerte zu folgen und zum Anhalten auf den Einsatz von Gerte, Führleine und Stimme zu reagieren.

SO GEHT'S

Grundposition Wenn du auf der linken Seite auf Höhe des Pferdekopfes gehst, hältst du mit deiner rechten Hand die Führleine etwa 10 cm – dies hängt von der Größe des Pferdes ab – vom Halfter entfernt. In der linken Hand hältst du die Gerte und das Ende der Führleine. Die übrige Leine hängt in einer Schlaufe zwischen Mittel- und Zeigefinger herunter. Die Gerte liegt ausbalanciert mit dem Knauf nach vorn in der linken Hand.

Antreten Du führst die Gerte als Verlängerung deines Armes einladend nach vorn, gibst mit der rechten Hand ein Vorwärtssignal an der Führleine und ein Stimmsignal (z. B. „Und Scheeeritt"). Das Signal an der Führleine kannst du dir wie das Öffnen eines Schlosses mit einem Schlüssel vorstellen. Es ist eine ein- bis zweimalige Drehbewegung nach oben und vorn mit anschließendem Nachgeben. Das Signal wird durch die Vorwärtsbewegung der Gerte und durch die Stimme „Und Scheeeritt" verstärkt.

Anhalten Bewege die Gerte mit dem Knauf voran zuerst langsam etwa einen Meter vor der Nase des Pferdes auf und ab, um es auf das Anhalten vorzubereiten. Die Bewegung sollte präzise und sicher sein. Zielgerichtet

LINDAS TIPP

Achte darauf, dass du die Leine auf keinen Fall um deine Hand oder die Finger wickelst!

Skara führt Calli hier von der rechten Seite: Somit liegt die Gerte und die Schlaufe der Führleine in der rechten Hand und die linke Hand führt nah am Halfter.

bewegst du dann die Gerte zur Brust des Pferdes, klopfst sanft ein- oder zweimal darauf, während du „Und hooo“ sagst und mit deinem Körper eine Vierteldrehung zum Pferdekopf hinmachst.

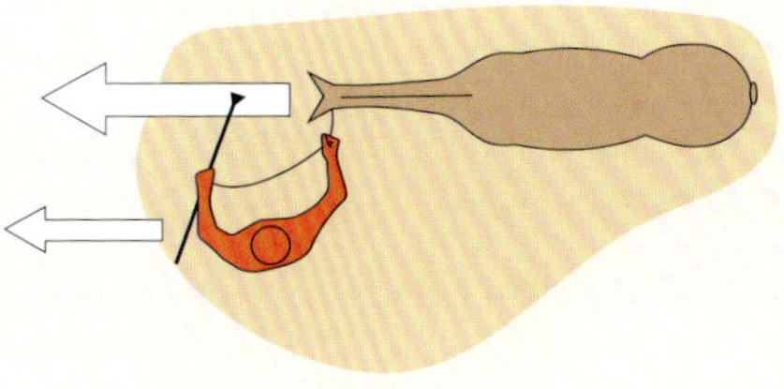

Die Führposition Eleganter Elefant auf der linken Pferdeseite „von oben“ gesehen.

WAS TUE ICH, …

… wenn sich mein Pferd zu mir dreht, sobald ich anhalten will: Führe die Führleine unter das Pferdekinn und drücke den Pferdekopf etwas von dir weg. Achte darauf, dass du auf Höhe des Pferdekopfes gehst, und bleib erst stehen, nachdem dein Pferd angehalten hat. Vergiss nicht, deinem Pferd mit der Gerte auf die äußere Schulter zu tippen.

DENKE DARAN, …

… die Schlaufen der Führleine zwischen deinem Mittel- und Zeigefinger zu halten. So kannst du die Leine leicht und schnell verkürzen oder verlängern, falls es nötig sein sollte.

Dingo und Kamel einen Tipp geben

Mithilfe dieser beiden Führpositionen wird dein Pferd aufmerksam und gehorsam und es lernt, auf deine Signale vorwärtszugehen und ausbalanciert anzuhalten. Langsame Pferde werden aktiviert, ungeduldige Tiere lernen, auf deine Hilfen zu warten.

LINDAS TIPP

Wenn du die Signale in der gleichen Stärke, aber nur länger anhaltend machst, stumpft das Pferd ab. Dein Pferd soll auf feine und leichte Signale von dir reagieren.

DAS BRAUCHST DU

- Ein stabiles Halfter
- Eine Tellington-Führleine
- Eine weiße Gerte

WOZU?

Das Pferd lernt, auf klare Signale zu reagieren, dadurch wird auch der Gehorsam unter dem Sattel gefördert. Langsame Pferde werden aktiviert, ungeduldige Tiere lernen, auf deine Hilfen zu warten. Durch diese Arbeit wird die Versammlung unterstützt: Das Pferd tritt unter seinen Schwerpunkt und balanciert sich besser aus. Der Dingo ist die Führposition, mit der wir jungen Pferden das Führen beibringen, Seitengänge üben und sie ist auch wichtig beim Verladen.

SO GEHT'S

Dingo Als Erstes gibst du ein Signal an der Führleine, um die Aufmerksamkeit zu gewinnen: Dein Pferd soll im Genick nachgeben. Streiche dann mit der Gerte zwei- bis dreimal fest über den Pferderücken, um ihm eine Verbindung zu seinem Rücken zu vermitteln. Gib dann ein Vorwärtssignal an der Führleine und tippe gleichzeitig auf die Kruppe. Das Tippen ist eine kleine kreisende Bewegung mit der Gertenspitze.

Kamel einen Tipp geben ist das Anhalten aus der Dingo-Position. Zuerst gibst du ein paradeähnliches Haltesignal an der Führleine und führst gleichzeitig die Gerte nach vorn vor die Brust des Pferdes. Dann tippst du dem Pferd, kombiniert mit einem Stimmsignal (z.B. „Und hooo"), mit der Gerte an die Brust. Das Tippen auf die Brust unterstützt das Anhalten, dein Pferd tritt unter seinen Schwerpunkt und bleibt während des Anhaltens in Balance.

WAS TUE ICH, …

… wenn mein Pferd beim Anhalten auf die Vorhand fällt: Halte den Kopf deines Pferdes während des Anhaltens höher als den Widerrist.

… wenn mein Pferd nervös ist: Senke den Kopf des Pferdes tiefer als den Widerrist. Lass es langsam und mit gesenktem Kopf vorwärtsgehen. Diese Übung hilft auch bei Pferden, die die Tendenz haben zurückzuziehen, wenn sie angebunden werden. Übe, nur zwei Schritte vorwärtszugehen und dann gleich wieder anzuhalten. Gib leichte und deutliche Gertenberührungen an der Brust kombiniert mit einem Führleinensignal. Benutze klare, ruhige Stimmkommandos, sowohl zum Anhalten als auch zum Losgehen.

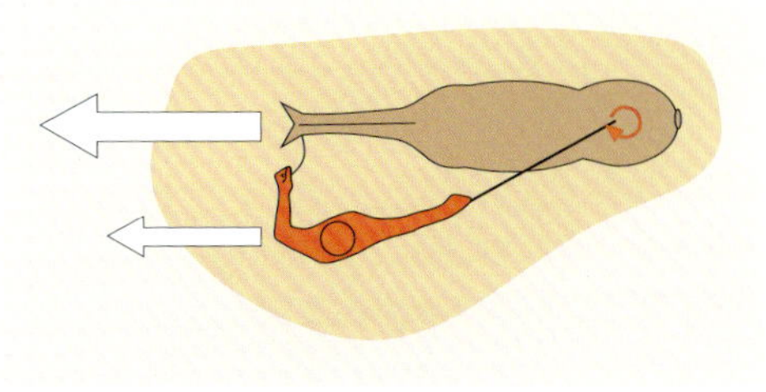

Dingo Dies ist das Antretenlassen mit Gertenberührung auf der Kruppe.

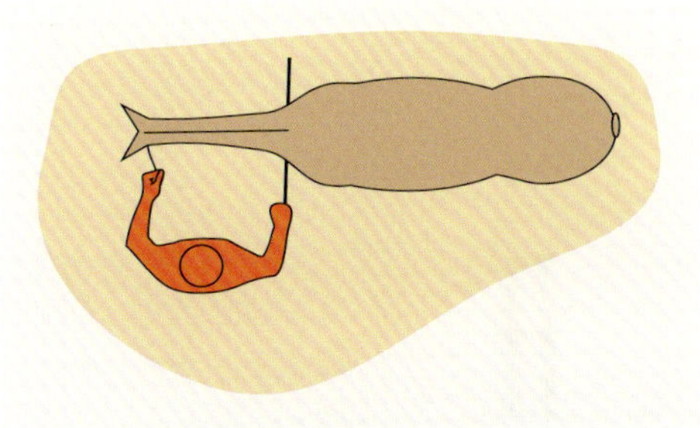

Kamel einen Tipp geben ist das Anhalten aus der Dingo-Position.

Carina streicht zur Vorbereitung über den Rücken bis zur Kruppe.

ÜBER DAS BRETT

Du kannst dein Pferd Schritt für Schritt über das Hindernis gehen lassen. Die Brücke oder das Brett sind übrigens exzellente Vorübungen für das Verladen.

Das **TIPPEN** ist eine kleine kreisende Bewegung mit der Gertenspitze.

Beim **FÜHREN** geht Carinas Blick nach vorne und die Gerte zeigt nach hinten. Man geht nur ein paar Schritte in dieser Position, hält dann an oder wechselt in eine andere Führposition.

KAMEL-POSITION Zum Anhalten wird die Gerte zur Brust geführt und angetippt.

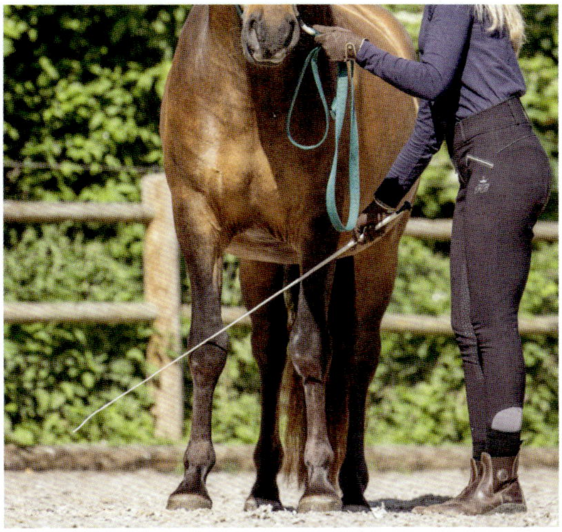

Während des **ANHALTENS** streicht Carina Callis Bein nach unten ab.

Brieftaube

Bei der Brieftauben-Führposition wird das Pferd von zwei Personen geführt und begleitet, das aktiviert beide Gehirnhälften des Pferdes, wodurch die Fähigkeiten zu lernen, sich zu konzentrieren und die Selbstkontrolle gesteigert werden.

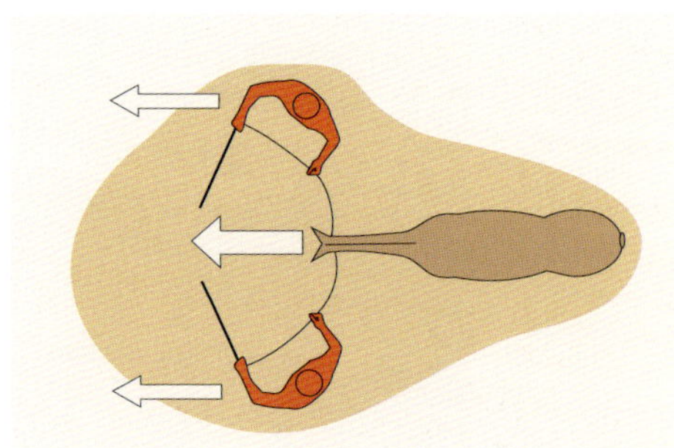

In der Führpostion Brieftaube wird das Pferd von zwei Menschen und zwei Seiten geführt.

DAS BRAUCHST DU

- Ein stabiles Halfter
- Zwei Lama-Leinen
- Zwei weiße Gerten

WOZU?

Pferde, die schwer zu führen sind, da sie entweder vorschießen, drängeln, am Führstrick herumknabbern, versuchen, den Menschen zu beißen oder um ihn im Kreis herumlaufen, profitieren sehr von dieser Führposition. Sie verändert die Einstellung und verbessert die Balance des Pferdes, und es lernt, kooperativer und gehorsamer zu werden.

SO GEHT'S

Normalerweise wird die Führleine auf der Führseite über der Nase verschnallt. Auf der begleitenden Seite wird eine Führleine in den unteren seitlichen Halfterring eingeschnallt.

Losgehen Es gibt verschiedene Kombinationen der Führpositionen, um Pferde in der Brieftauben-Position zu führen. Wichtig ist, dass eine Person die Führung übernimmt und die andere unterstützend einwirkt.

Anhalten Bist du die führende Person, bewegst du die Gerte zuerst langsam etwa einen Meter vor der Nase des Pferdes auf und ab, um es auf das Anhalten vorzubereiten. Die Bewe-

1. Skara bereitet die Stute mit einer sanften Berührung auf der Nase auf das Antreten vor.

2. Hier sind zwei Tellington-Führleinen am Halfter befestigt: Auf der linken Seite über dem Nasenriemen und auf der rechten Seite am unteren Halfterring (Seite 29).

1

2

gung sollte präzise und sicher sein. Mit einer klaren und zielgerichteten Bewegung „fliegt" die Gerte zur Brust des Pferdes. Du klopfst sanft ein- oder zweimal auf die Brust, während du „Und hooo" sagst. Währenddessen machst du mit deinem Körper eine Vierteldrehung in Richtung des Pferdekopfes. Wenn das Pferd nicht direkt stoppt, fügst du ein Annehmen- und Nachgeben-Signal an der Führleine hinzu.

DENKE DARAN, …

… der Sinn der Dingo-Position ist, dem Pferd beizubringen, auf die Signale der Gerte und weniger auf die der Führleine zu reagieren, damit es Selbstkontrolle bekommt. Achte auf feine Signal- und Hilfengebung wie leichtes Tippen an der Brust oder Nase und minimalen Führleineneinsatz.

WAS TUE ICH, …

… wenn mein Pferd auf einer Seite steif ist und nicht gerade vorwärtsgehen will: Dieses Problem lässt sich oft dadurch lösen, dass man das Pferd im Slalom durch eine Reihe Kegel führt, wobei es sich abwechselnd biegen muss, oder es über Cavaletti und den Stern führt oder im Labyrinth arbeitet.

LINDAS TIPP

Beide Personen sollten idealerweise so weit vor dem Pferd gehen, dass sie sich sehen und abstimmen können.

AUSRÜSTUNG Normalerweise wird die Führleine auf der Führseite über der Nase verschnallt. Auf der anderen Seite wird ein Führstrick in den unteren seitlichen Halfterring eingeschnallt.

ABSTÄNDE Hier führen Carina und Skara Calli in der Anmutigen Gepard-Position. Skara links ist als Führende etwas näher am Pferd.

ANHALTEN Zum Anhalten kombiniert Skara ein Signal an der Führleine, ein leichtes Tippen auf die Brust und ein ruhiges Stimmsignal.

KLEINER ABSTAND Ela führt den Wallach Rhodius mit beidhändig geführter Leine, die durch den unteren Ring des Halfters gezogen wird und gleiten kann. Relana begleitet auf der rechten Seite des Pferdes.

GRÖSSERER ABSTAND Dies ist der maximale Abstand zu Rhodius. Diese Art des Führens ist eine gute Übung, um eine feine Signalgebung zu üben.

AM HALFTERING Die Führleine wird nicht am Halfter verknotet, damit sie gleiten kann.

HANDHALTUNG Die Leinen werden wie beim Führen zwischen Zeigefinger und Daumen gehalten.

Pfauenrad und Sprung des Kängurus

Kopfscheue und junge Pferde verlieren durch die Position Sprung des Kängurus Angst vor Bewegungen über und neben ihrem Kopf. Das Pfauenrad ist eine Übung, mit der Pferde lernen, Abstand zum Menschen zu halten.

WOZU?

Beide Übungen helfen den Pferden, Angst vor Bewegungen über oder neben seinem Kopf zu verlieren. Sie sind aber nicht nur nützlich bei kopfscheuen Pferden und Verladeproblemen, sondern eignen sich auch besonders gut für junge Pferde, damit sie sich nicht erschrecken, wenn der Reiter erstmals auf seinem Rücken sitzt. Sie bereiten sie außerdem auf ungewöhnliche oder plötzliche Bewegungen des Reiters auf ihrem Rücken vor.

Pfauenrad Die Gerte wird zwischen Mensch und Pferd bewegt, um Abstand zu schaffen.

SO GEHT'S

Sprung des Kängurus Zum Vorwärtsgehen benutze die Signale der Dingo-Position, zum Anhalten verwende den Sprung des Kängurus. Auf der linken Seite neben deinem Pferd stehend, halte die Führleine mit der einen Hand nah am Halfter und mit der anderen auf Abstand mit der Führleine in Schlaufen in der linken Hand, die Gerte hältst du am Knaufende in der rechten Hand. Bewege die Gerte in einem hohen Bogen vom Widerrist über die Ohren bis zur Nase des Pferdes. Zum Anhalten gib ein Signal an der Führleine plus ein leichtes Tippen auf die Nase, kombiniert mit einem ruhigen Stimmsignal.

Sprung des Kängurus Die Gerte wird in einem Bogen über das Pferd bewegt.

LINDAS TIPP

Halte deine Füße etwa hüftbreit auseinander und drücke die Knie nicht durch, sondern bleibe leicht federnd, damit du dich gut in alle Richtungen bewegen kannst.

1. PFAUENRAD Linda bewegt die Gerte zwischen sich und Calli.

2. SPRUNG DES KÄNGURUS Die Bewegung beginnt über dem Rücken des Pferdes.

3. ANHALTEN Die Gertenbewegung endet vor der Nase und leitet das Anhalten ein.

Pfauenrad Bewege die Gerte langsam und gleichmäßig zwischen dir und deinem Pferd wie einen Scheibenwischer hin und her. Aus dieser Position heraus lehrst du dein Pferd, Abstand zu halten, zum Beispiel als Vorbereitung auf die Anmutige Gepard-Position (Seite 88).

DENKE DARAN, …

… bei Pferden, die sich nicht an den Ohren anfassen lassen, wird die Führleine seitlich am Halfter befestigt. Bewege die Gerte langsam über dem Pferdekopf, während du dem Pferd Heu anbietest. Rede beruhigend mit ihm, bis du die Ohren von vorn nach hinten mit der Gerte abstreichen kannst.

WAS TUE ICH, …

… wenn das Pferd aus Angst vor der erhobenen Gerte den Kopf hochreißt und zurückzieht: Verschnalle die Führleine seitlich am Halfter und bringe das Pferd dazu, den Kopf zu senken. Mache mit dem Gertenknauf kreisende TTouches am Hals und Kopf. Führe das Pferd mit immer noch gesenktem Kopf durch das Labyrinth und bewege die Gerte langsam über seinem Kopf hin und her.
… viele Pferde steigen nicht gern in den Hänger, weil sie Angst vor der Plane oder dem Dach über ihrem Kopf haben: Um ihr Vertrauen zu stärken, bringt man sie dazu, den Kopf zu senken und bewegt die Gerte über dem Kopf hin und her.

Delfine schnellen durch die Wellen

Diese Führposition lehrt dein Pferd, kooperativer mitzuarbeiten und auf leichte Signale von Führleine, Gerte und Stimme zu achten, auch wenn es größeren Abstand zu dir hält.

LINDAS TIPP

Beim Tellington-Training führen wir das Pferd in einem Oval. Im Gegensatz zum Longieren in einem Kreis entwickelt das Pferd eine bessere Balance, und es muss aufmerksamer sein, um einen gleichmäßigen Abstand zum Menschen zu halten.

WOZU?

Die Führposition Delfine schnellen durch die Wellen bereitet das Pferd auf das Longieren in einer Distanz vor, in der es leicht kontrollierbar ist. Wir bringen dem Pferd dazu bei, der Stimme und der Gerte zu folgen.

SO GEHT'S

Antreten Beginne in der Dingo-Position. Auf der linken Seite stehend, hältst du die Führleine in deiner linken Hand und die Gerte mit dem Knaufende in deiner rechten Hand. Nachdem das Pferd aus der Dingo-Position angetreten ist, lass die Leine so weit aus deiner Hand gleiten, dass du immer noch Kontrolle über dein Pferd hast. Während du die Leine gleiten lässt, tippe deinem Pferd mit der Gerte zuerst auf die Kruppe, dann auf den Widerrist, danach auf den Hals hinter dem Genick und zuletzt auf die Nase, sodass dein Pferd in einer geraden Linie Abstand zu dir hält.

Anhalten Zum Anhalten oder um dein Pferd zurückzuhalten, wechsle in die Führposition anmutiger Gepard,

FLUG DES ADLERS

Wenn dein Pferd die Delfin-Übung gelernt hat, kannst du Gerte und Führleine in eine Hand nehmen und im größtmöglichen Abstand neben deinem Pferd hergehen. Die Gertenspitze hältst du in Richtung der Kruppe. Diese Position verwenden wir vor allem im Trab, da es in einem Oval oder über Cavaletti leichter ist, die Gerte und Führleine in einer Hand zu halten.

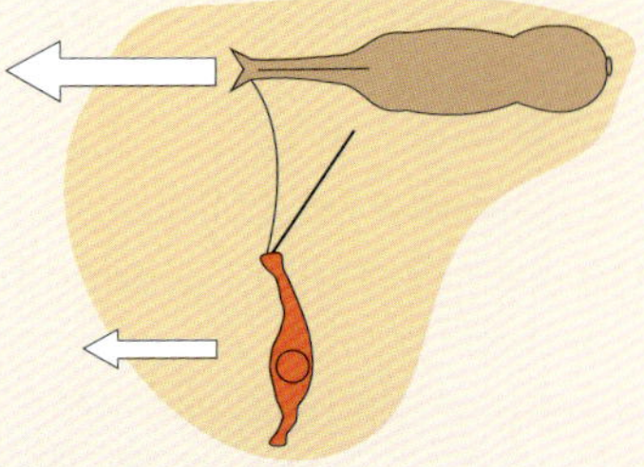

indem du das Ende der Führleine und die Gerte in die linke Hand nimmst, wenn du von links führst. Gleite mit der rechten Hand an der Führleine näher zum Kopf des Pferdes.

DENKE DARAN, …

… deine Körpersprache ist wichtig für deine eigene Sicherheit. Bleibe beim Führen auf Höhe der Schulter: Es kann gefährlich sein, hinter der Schulter zu gehen, da das Pferd in deine Richtung ausschlagen könnte.

Die Grafik zeigt die Berührungspunkte: Kruppe, Widerrist, Genick und Nase.

1. Die erste Tipp-Stelle ist auf der Kruppe.

2. Zweiter Punkt: die Berührung auf dem Widerrist.

3. Danach bewegt sich die Gerte in Richtung Genick.

4. Rhodius hält Abstand und bleibt entspannt.

Tanzende Kobra

Die Führposition tanzende Kobra schult Konzentration, Aufmerksamkeit und Balance des Pferdes. Das Pferd lernt, ohne an der Führleine zurückgehalten zu werden, hinter dem Mensch zurückzubleiben und auf ein Signal hin vorwärtszugehen und anzuhalten.

WOZU?

Die Tanzende Kobra ist eine Führposition für Pferde, die aus Nervosität oder Ungehorsam die Tendenz haben, beim Führen zu drängeln oder schwer kontrollierbar zu sein.

SO GEHT'S

Grundposition Du stehst vor dem Pferd und hältst die Führleine locker zwischen beiden Händen. Wenn du die Führleine auf der linken Seite verschnallt hast, hältst du mit der linken Hand das Leinenende und mit der rechten etwa die Mitte der Leine. Die Gerte hältst du schräg vor die Nase des Pferdes, entweder mit dem Knauf oder der Spitze zum Pferd. Anfangs kannst du die Gerte lang halten und deinem Pferd zeigen, dass es still stehen soll. Um das Stillstehen zu unterstützen, beuge deinen Oberkörper nach vorne in Richtung Pferd. Übe diese Führposition, indem du dein

1

2

Pferd langsam einen Schritt vorwärtsgehen lässt und anhältst. Dann gehe zwei Schritte und halte wieder an.

Antreten Zum Losgehen gib ein Vorwärtssignal an der Führleine, ein Stimmsignal (z. B. „Und Scheeritt"), führe das Gertenende in Richtung deiner rechten Schulter und tritt rückwärts. Lasse dein Pferd nur ein bis zwei Schritte vorwärtsgehen, und halte es wieder an.

Anhalten Zum Anhalten führst du die Gerte in Richtung Pferd. Falls es nicht anhält, tippe es leicht an Brust oder Nase an, dadurch hebt es seinen Kopf und kann leichter anhalten. Bewege deinen Oberkörper dabei etwas nach vorn, und gib ein Stimmsignal (z. B. „Und hooo").

WAS TUE ICH, ...

... wenn mein Pferd nicht anhält: Tippe mit der Gerte auf die Führleine, sodass dein Pferd seinen Kopf hebt. Der Schwerpunkt des Pferdes wird nach hinten verlagert, und es wird leichter anhalten.

Wiederhole die Position Kamel einen Tipp geben (Seite 92), sodass dein Pferd durch das Tippen auf die Brust kombiniert mit der Stimme anhält. Falls du einen Helfer zur Verfügung hast, lasse ihn auf der anderen Seite deine Hilfen mit einer zweiten Führleine unterstützen (Brieftaube-Position Seite 96).

FREIARBEIT

Wenn das Führen in allen Positionen gut klappt, dann probiere mit deinem Pferd das freie Führen auf einem umzäunten Platz. Beginne mit dem Führen durch das Labyrinth. Die Gerte dient dir als Unterstützung deiner Signale. Binde anfangs einen leichten Strick um den Pferdehals, bis dein Pferd auf deine Körper-, Hand-, Stimm- und Gertensignale reagiert. Dann kannst du mit einem dünnen kurzen Strick arbeiten und es schließlich auch ohne Strick und Gerte versuchen. Du wirst sehen, wie viel Spaß die freie Arbeit Mensch und Pferd bereitet.

LINDAS TIPP

Ich empfehle, diese Übung im Labyrinth zu üben, da dein Pferd dort nicht seitlich ausweichen kann und besonders in den Wendungen die Koordination und Balance deines Pferdes entscheidend verbessert wird.

3

1. Grundposition Linda hält die Führleine in beiden Händen und die Gerte in der linken Hand mit dem Knauf nach vorn.

2. Antreten Calli soll nur einen Schritt nach vorn machen. Linda lässt ihm Raum und er folgt.

3. Anhalten Linda bewegt zum Anhalten Oberkörper und Gerte nach vorn und gibt ein Stimmsignal.

Labyrinth

Die erhöhte Aufmerksamkeit, verbesserte Balance und Koordination des Pferdes sind einige der vielen Trainingserfolge des Labyrinths. Im Labyrinth wird nachweislich die Selbstkontrolle, die Lernfähigkeit und die Fähigkeit zum logischen Denken gesteigert.

DAS BRAUCHST DU

– Ein Halfter, eine Führleine, eine Gerte
– Sechs stabile, idealerweise 4 m lange Stangen
– Normalerweise arbeiten wir mit einem Stangenabstand von 1,2 m
– Falls dein Pferd in den Wendungen Schwierigkeiten hat, vergrößere den Stangenabstand

WOZU?

Das Labyrinth gibt dem Pferd eine Grenze vor, sodass es die Möglichkeit hat, seine Gewohnheiten und sein Verhaltensmuster zu ändern. Es geht beim Labyrinth auch darum, dass dein Pferd sein Gleichgewicht schult und lernt mitzudenken. Im Labyrinth wird nachweislich die Lernfähigkeit des Pferdes und seine Fähigkeit zum logischen Denken gesteigert. Hier werden nervöse Pferde ruhiger, sie können sich konzentrieren und auf feine Signale reagieren.

SO GEHT'S

Für das Labyrinth kannst du alle Führpositionen verwenden. Beginne am besten mit der Position Eleganter Elefant (Seite 90) und achte darauf, dein Pferd nach ein paar Schritten und vor jeder Wendung anzuhalten.

Teamwork Luna und Relana üben das Führen miteinander im Labyrinth.

Wenn es in die Biegung nach links geht und du von links führst, kannst du in die Dingo-Führposition wechseln, um dem Pferd das Herumtreten und das Biegen zu erleichtern. Halte dein Pferd nach jeder Biegung an und wechsle zum Beispiel in die Führposition Anmutiger Gepard. Halte vor der nächsten Biegung, die nach rechts geht, erneut an, gehe ein Stück voraus, um die Biegung herum und zeige dem Pferd mit der Gerte den Weg in diese Wendung.
Mit der Position Tanzende Kobra (Seite 104), bei der du vor dem Pferd positioniert bist, lernt dein Pferd im Labyrinth Selbstkontrolle und verbessert

sein Gleichgewicht, wenn es jeweils nur ein oder zwei Schritte nach vorn kommt und wieder anhält.

DENKE DARAN, ...

... im Labyrinth verwenden wir folgende Führpositionen: Anmutiger Gepard, Eleganter Elefant, Dingo, Kamel einen Tipp geben und Tanzende Kobra.
... Pferde, die vom Boden aus schwierig zu kontrollieren oder gefährlich sind, profitieren, wenn du sie in allen vier Positionen von beiden Seiten durch das Labyrinth führst. Du kannst dein Pferd auch Schritt für Schritt rückwärtsgehen lassen.
... in den Wendungen ist es wichtig, dass das Pferd mit den Hinterbeinen in der Spur seiner Vorderhufe läuft.
... bei jungen und unerfahrenen Pferden verbessert sich die Koordinationsfähigkeit.

WAS TUE ICH, ...

... wenn mein Pferd im Labyrinth auf der Vorhand läuft oder zu langsam ist: Übe die Übergänge, indem du zum Losgehen und Anhalten präzise Hilfen gibst: zum Antreten mit der Führleine plus das Antippen auf der Kruppe und zum Anhalten das Tippen mit der Gerte auf die Brust. Bringe den Kopf deines Pferdes höher als gewöhnlich, um es aufzuwecken und den Schwerpunkt weiter nach hinten zu verlagern.

LINDAS TIPP

Durch das Training im Labyrinth werden alle vier Gehirnwellen in einem speziellen Muster angeregt. Dieses Muster tritt nur bei einem idealen Lernzustand auf. Dein Pferd wird sich also besser konzentrieren und schneller lernen.

Führe das Pferd in der Führposition Kleiner Gepard oder Eleganter Elefant in das Labyrinth. Halte dein Pferd vor jeder Kurve an. Das Abstreichen mit der Gerte unterstützt das ruhige Stehen.

Carina begleitet hier die Wendung in der Tanzenden Kobra-Position, sie führt die Gerte links neben dem Pferd.

Das Antreten aus dem Halten nach der Wendung erfolgt mit Carinas klarer Hilfengebung.

Skara leitet die Wendung mit der Gerte und deutlicher Körpersprache ein.

Die meisten Pferde haben eine „Schokoladenseite" und biegen sich auf einer Seite besser als auf der anderen, meistens leichter nach links.

Manche Pferde können z. B. in der Kurve nicht gebogen stehen bleiben. Finde heraus, welche Seite es bei deinem Pferd ist und beginne das Training auf der leichteren Hand.

ÜBER DIE STANGEN

Du kannst zur Abwechslung auch über die Stangen des Labyrinths gehen. Wenn dein Pferd nervös ist oder sich weigert, verdopple den Stangenabstand. Und übe zunächst mit zwei Stangen, die zu einem „V" mit einer Lücke ausgelegt sind, zwischen den Stangen hindurchzugehen.

ANMUTIGER GEPARD

Stern

Im Stern lernt dein Pferd, seine Beine bewusst einzusetzen. Trittsicherheit und Konzentration verbessern sich und die Muskulatur des Pferderückens wird entspannter und beweglicher.

1

DAS BRAUCHST DU

– Vier idealerweise 4 m lange, schwere Stangen
– Vier Auflagen
– Wegrollunterlagen für die Stangen sind zu empfehlen

WOZU?

Ängstliche, nervöse oder verspannte Pferde bekommen mehr Selbstsicherheit und werden entspannter, wenn du sie über Stangen treten lässt. Im Stern kommt noch ein anderer wichtiger Aspekt dazu: Dein Pferd muss sich biegen, während es seine Beine in unterschiedliche Höhen hebt, wodurch seine Flexibilität verbessert wird. Das Stern-Training verbessert auch die Koordination und Konzentration.

SO GEHT'S

Hier eignen sich die Führpositionen, in denen du etwas weiter vom Pferd entfernt bist, damit es genügend Platz hat, die Stangen zu sehen und sich auszubalancieren. Die Positionen Anmutiger Gepard, Delfine schnellen durch die Wellen, Flug des Adlers und Brieftaube sind geeignet.
Halte die Übung erst einfach und gehe über die niedrige Seite der Stangen. Führe dein Pferd danach mehr in der Mitte und achte darauf, ein bis zwei Stangen weit vor dem Pferd zu gehen, damit es genug Raum hat. Es soll die Stangen sehen und die Höhe und den Anstand gut einschätzen können. Führe dein Pferd von beiden

Hier sind die Auflagen der Stangen auf der rechten Seite für den Einstieg in das Training niedrig gewählt.

1. Anfangs führst du dein Pferd in der Anmutigen Gepard-Position am äußeren Rand über die Stangen.

2. Wenn diese Übung deinem Pferd leichtfällt, kannst du zum höheren und engeren Bereich der Stangen übergehen. Luna bleibt auf dieser Seite außen und geht aus Sicherheitsgründen nicht über die Stangen.

2

Seiten und beiden Richtungen über den Stern.

DENKE DARAN, ...

... die Abstände und Höhe der Stangen der Größe, Beweglichkeit oder Gangart deines Pferdes anzupassen. Wähle zuerst für dein Pferd einfache Übungen aus und steigere dann nach und nach die Anforderungen.
... wechsle auch die Seite, damit dein Pferd beidseitig trainiert wird. Später kannst du es in den Führpositionen Brieftaube, Delfine schnellen durch die Wellen oder Flug des Adlers über die Stange gehen.

WAS TUE ICH, ...

... wenn mein Pferd Angst hat, über die Stangen zu treten: Lege die Stangen in einem größeren Abstand und flach auf dem Boden aus. Führe es erst zwischen den Stangen hindurch und dann darüber, bis es seine Angst verliert.
... wenn dein Pferd die Gewohnheit hat, zu stolpern oder mit seinen Hufen gegen die Stangen zu treten: Streiche die Beine mit der Gerte ab und tippe mit dem Knauf den ganzen Huf ab. Das bringt mehr Aufmerksamkeit und Gefühl in die Beine und Hufe, und die Trittsicherheit wird sich verbessern.

LINDAS TIPP

Dein Pferd wird versuchen, deine Körpersprache nachzuahmen. Wenn du also vor deinem Pferd mit hohen Schritten über die Stangen trittst, wird es ebenfalls aufmerksamer seine Beine heben.

Brett und Wippe

Das hohle Geräusch, auf Holz zu gehen, ist für das Pferd eine neue Erfahrung und zusammen mit dem Balancieren auf einer beweglichen Fläche wie der Wippe eine gute Vorbereitung auf das Verladen, das Transportieren und das Reiten im Gelände.

LINDAS TIPP

Wenn ein Pferd ängstlich ist, ist das sympathische Nervensystem aktiv. Wenn ein Pferd kaut, kontrolliert das parasympathische Nervensystem die Handlungen. Du kannst deinem Pferd mit etwas Heu helfen, seine Angst vor einem Hindernis zu überwinden.

DAS BRAUCHST DU

Brett

– Ein ca. 1,2 m × 2,4 m großes, 2,5 cm dicke Sperrholzplatte oder starke Planken, die entsprechend verstärkt sind

Wippe

– Ein stabiles Brett mit einer Führung für das Unterlegholz
– Eine runde, circa 1,2 m lange Stange als Unterlage
– Verwende am Anfang ein Unterlegholz mit einem kleinen Durchmesser

WOZU?

Ein nervöses und unsicheres Pferd hat oft Hemmungen, einen Untergrund zu betreten, der ihm nicht ganz fest zu sein scheint. Wenn es mit deiner Hilfe seine Angst überwindet, wächst sein Vertrauen zu dir. Es auf diese Art von seiner Unsicherheit zu befreien, wirkt sich auch im täglichen Umgang positiv aus. Es ist eine wichtige Übung, um ein Pferd aufs Verladen und Transportieren vorzubereiten.

SO GEHT'S

Brett Die Dingo-Führposition ist für Brett und Brücke gut geeignet. Beginne mit dem Brett, lasse dein Pferd den Kopf senken und den ungewohnten Untergrund untersuchen. Du kannst auch etwas Heu darauf auslegen, um es zum Kauen und Atmen anzuregen. Tippe es auf der Kruppe an, um es Schritt für Schritt über das Brett gehen zu lassen. Falls die Längsseite des Brettes am Anfang für dein Pferd zu schwierig ist, gehe quer darüber, bis dein Pferd genügend Sicherheit hat, um es auch längs zu überqueren.

Wippe Wenn dein Pferd, ohne zu zögern und ohne zu eilen, über das Brett geht und du es jederzeit anhalten kannst, bietet sich die Wippe an, um die Übung anspruchsvoller zu gestalten. Auch hier verwende am besten die Dingo-Führposition und gehe dem Pferd voraus auf die Wippe, bis zur Mitte des Bretts, kurz bevor es zu kippen beginnt, und halte dort an.

Gehe dann langsam voran, bis das Brett nach vorn kippt. Wenn dein Pferd die Wippe kennt, kannst du es auch selbständig hin und her wippen lassen. Dazu muss dein Pferd sein Gewicht nur leicht verlagern.

DENKE DARAN, …

… dass dein Pferd genau hinsehen können muss, bevor es über das Hindernis tritt. Lass ihm also Zeit, sich das Hindernis anzusehen oder auch daran zu schnuppern.
… wenn sich dein Pferd weigert, auf das Brett oder die Brücke zu steigen, lege Futter darauf aus. Gib ihm Heu, damit es sich entspannt und gleichmäßig atmet. Halte nach jedem Schritt an, gib ihm etwas Heu und übe, es auch auf dem Hindernis rückwärtsgehen zu lassen. Wenn sich dein Pferd durch die Heufuttergabe sogar mehr aufregt, lasse es weg.
… falls das Brett zu schwierig sein sollte, lege zwei schmale Bretter zu einem „V" aus. Führe dein Pferd zwischen den Brettern hindurch, und schiebe sie nach und nach zusammen.

1

2

3

4

1. Luna geht mit auf dem Brett.

2. Das Anhalten verbessert Balance und Koordination.

3. Kontrolliertes Führen auf die Wippe, die mit der untergelegten Stange mit geringem Durchmesser kaum Bewegung erzeugt.

4. Emil kann sich sehr gut ausbalancieren, als sich das Brett nach unten bewegt.

Calli erobert das Brett

Wallach Calli hat noch nicht viel Erfahrung mit dem Training im Lernparcours. Hier wird er von Relana Schritt für Schritt auf das Überqueren des Bretts vorbereitet. Und am Ende gelingt es ihnen, gemeinsam über die lange Seite des Bretts zu schreiten.

Anmutiger Gepard

1. AUFGABE FÜR CALLI Das Brett kennenlernen. Vom Leichten zum Schweren ist das Motto, somit führt Relana den Wallach an die kurze Seite des stabilen Holzbretts. Sie stellt sich auch selbst darauf, damit der Wallach sieht, dass der Untergrund stabil und sicher ist.

2. SCHNUPPERN
Calli bekommt die Gelegenheit, das Brett mit der Nase zu erkunden und daran zu schnuppern.

3. ANTRETEN Calli traut sich und schreitet auf die Unterlage. Relana hat die Führposition Eleganter Elefant gewählt, weil sie damit mehr Kontrolle hat.

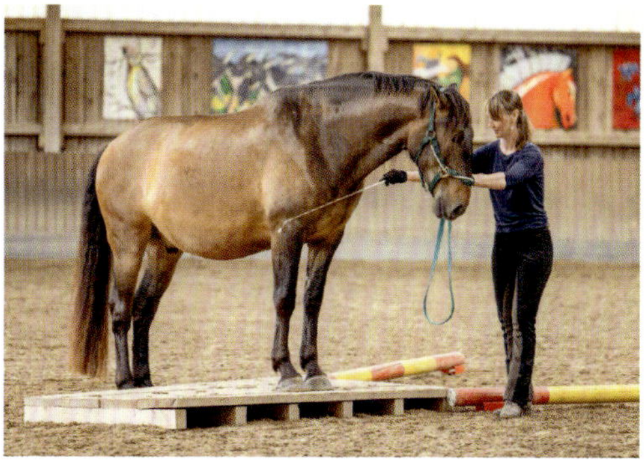

4. ANHALTEN Es ist sehr gut, dass Calli sich auf dem Brett anhalten lässt, das zeigt sein Vertrauen und ist ein Zeichen für seine Selbstkontrolle.

5. HERUNTERSTEIGEN
So kontrolliert und langsam, wie Calli auf das Brett gestiegen ist, genauso geht er auch wieder herunter. Wie die beiden das Brett auch in der Länge bewältigen, zeigt das Foto auf Seite 82.

PLASTIK ERKUNDEN

Für den Einstieg ist es sinnvoll, das Pferd an der Folie schnuppern zu lassen und darauf Heu auszulegen. Warum das Kauen hilfreich ist, steht auf Seite 113. Auch die Geräusche, die Plastik macht, sollte das Pferd kennenlernen, bevor es darauf und darüber steigt.

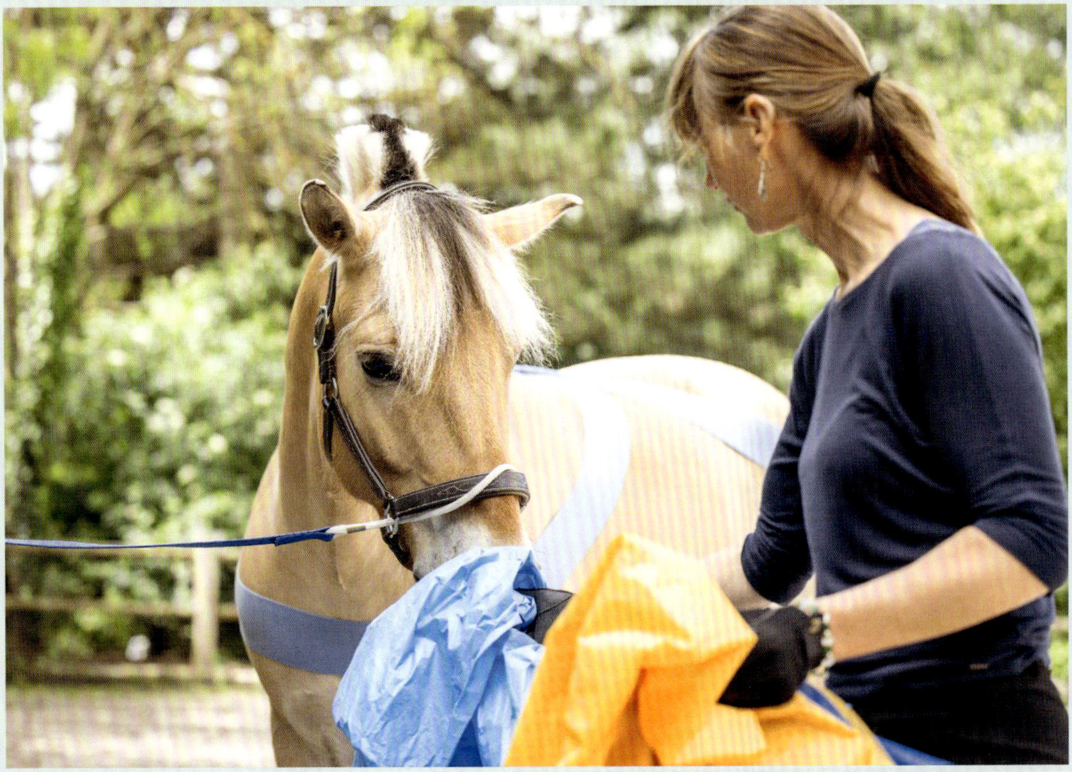

Training mit Plastikfolie

Das Training mit Plastikfolien macht dein Pferd scheusicher, eine optimale Vorbereitung auf das Reiten im Gelände oder auf den Turnierbesuch mit seinen ungewohnten Gegenständen und Geräuschen wie flatternden Zeltplanen, Flaggen und mehr.

DAS BRAUCHST DU

– Halfter, Führleine, Gerte
– Zwei bis drei 3,5 × 2,0 m große, stabile Folien. Sie werden doppelt zusammengefaltet, um stabiler zu sein.
– Vier Stangen oder acht Hütchen zur Stabilisierung der Folien

WOZU?

Die Plastikarbeit ist eine der wichtigsten Trainingsmethoden, bei der dein Pferd denken lernt, statt vom Fluchtreflex beeinflusst zu sein. Es verliert die Angst vor verschiedenen Situationen: vor Dingen, die höher als es selbst sind, wie das Anhängerdach, dem Reiter beim ersten Aufsteigen oder den Zuschauern auf einer Tribüne und vor engen Räumen wie dem Hänger.

SO GEHT'S

Über Folie Zwei Folien werden in einem „V" mit einem sicheren Abstand voneinander auf dem Boden ausgelegt, falls dein Pferd anfangs unsicher ist, scheut oder zur Seite springt. Führe dein Pferd zunächst an die Folie heran und biete ihm dort Futter an. Dann gehe mit ihm langsam zwischen den Folien hindurch. Falls es windig ist, stabilisiere die Folien mit Stangen, Hütchen oder Sandsäcken. Schiebe die Folien nach und nach näher zusammen, wenn dein Pferd problemlos zwischen dem Plastik hindurchgeht. Es soll auf das Plastik treten und lernen, dass die Folie keine Gefahr bedeutet. Schließlich soll das Pferd über die Folien schreiten und darauf auch anhalten können.
Zwischen Folien Zwei Plastikfolien werden von vier Personen gehalten. Führe dein Pferd hindurch. Wenn dein Pferd nervös ist, gib ihm etwas Heu, um es zu beruhigen. Dieses Scheu-Training macht dein Pferd sicher, vor allem für das Verladen.

DENKE DARAN, …

… dass du mit all diesen Übungen so viel Vertrauen aufbaust, dass du Hindernisse, wie z.B. das Brett, Plastik an der Seite und über dem Kopf, miteinander kombinieren kannst. Das ist letztlich das beste Sicherheitstraining für das Verladen.

Zuerst werden die Folien weit auseinandergelegt, damit eine breite Gasse entsteht, durch die das Pferd geführt werden kann.

WAS MACHE ICH, …

… wenn dein Pferd nicht durchs Wasser geht, fülle Wasser auf eine der Plastikfolien am Boden. Bringe das Plastik immer näher zusammen, bis das Pferd langsam Schritt für Schritt durchs Wasser geht.
… wenn mein Pferd Angst hat, unter den Gerten hindurchzugehen: Halte zuerst die Gerten senkrecht und niedrig nach oben, und gib den Helfern, die die Gerten halten, Heu, damit sie das Pferd füttern können. Eine weitere Person sollte dem Pferd von vorne Heu anbieten.

LINDAS TIPP

Vom Leichten zum Schweren lautet das Motto. Vereinfache die Aufgabe, sobald dein Pferd zögert.

Die Folien werden näher zusammengelegt, bis das Pferd auf und über die Folie treten muss.

SICHERHEIT VERMITTELN

Das Training mit Folie lässt sich vielfältig gestalten. Es gibt Folien in verschiedenen Farben, durch die das Pferd auf unterschiedliche Untergründe zum Beispiel im Gelände vorbereitet werden kann.

Zwischen Plastikfolie

Das Training mit Folien, die als Gasse gehalten werden, bereiten Calli auf das Verladen vor, machen ihn selbstsicherer und vertrauensvoller. Es macht im Team viel Spaß, diese Aufgabe zu erarbeiten. Vier bis fünf Helferinnen brauchst du dafür.

1. ERSTER VERSUCH Calli ist skeptisch, was ihn hier erwartet. Damit er erfolgreich sein kann, wird er nicht durch die recht enge Gasse geführt, sondern die Aufgabe vereinfacht.

2. VEREINFACHTE AUFGABE Um es Calli leichter zu machen, bekommt der Wallach viel Raum, um an den Folien vorbeigehen zu können.

3. VERTRAUEN AUFBAUEN Hier bekommt er Heu von Skara gereicht, denn wenn er kaut, kann er nicht den Atem anhalten.

4. ANHALTEN Jetzt gibt es Futter in der Mitte der Foliengasse.

5. GEDULD Nach mehreren Durchläufen sind die Folien eng beieinander. Calli bekommt die Möglichkeit, sich in Ruhe die Aufgabe anzuschauen.

6. ERFOLG Calli geht durch die enge Gasse. Er ist aufmerksam, aber er schreitet gelassen und kontrolliert an Elas Seite.

Training mit Poolnudeln

Ein wichtiger Schritt ist es, ein Pferd unter Plastikfolie oder wie hier Poolnudeln durchgehen zu lassen. Wenn dein Pferd zuerst zu schnell wird, lass ihm etwas mehr Führleine, halte es nicht fest. Beim nächsten Mal wird es ruhiger sein, weil es gelernt hat, dass Panik unbegründet ist.

1. ERSTER VERSUCH Emil zeigt, dass ihm die Aufgabe, durch die enge Gasse zwischen den oben stehenden Menschen mit den Poolnudeln in der Hand zu gehen, nicht geheuer ist.

2. VEREINFACHTE AUFGABE Ela und Skara verlassen die Aufsteighilfen und gehen zurück, sodass mehr Raum für Emil entsteht. So ist die Aufgabe für Emil kein Problem mehr.

3. NÄCHSTE STEIGERUNG
Jetzt steigen Ela und Skara eine Stufe auf den Hocker. Durch diese Gasse kann Emil gehen.

4. FUTTERGABE Emil bekommt von Ela Futter angeboten. Das entspannt Emil und macht ihm die Aufgabe leichter.

5. ENGER DURCHGANG Emil geht gelassen durch die Gasse mit den höher gehaltenen Poolnudeln.

6. FAST GESCHLOSSEN Kleine Steigerungen der Anforderungen und Geduld machen das Training erfolgreich.

7. BOGENGANG Ziel erreicht. Emil geht unter den Poolnudeln hindurch. Das ist eine gute Vorbereitung auf das Verladen oder auf Aufgaben aus dem Gelassenheitstraining,

Checkliste

Viele typische Verhaltens- und Gesundheitsprobleme können mit TTouches und Tellington-Training verändert werden. Im Notfall gilt: Erst den Tierarzt rufen, dann mit den TTouches beginnen. In der Tabelle findest du Probleme und Lösungsvorschläge.

Dein Pferd ...	TTouch	Tellington-Bodenarbeit
... ist allgemein ängstlich und unsicher.	Liegender-Leopard-TTouch, Ohren-TTouch, Beinkreise, Aufgerollte-Python-TTouch, Schweif-TTouch	Körperband, Brett, Training mit Plastikfolie
... ist guckig, besonders bei Geräuschen und Bewegungen von hinten.	Schweif-TTouch, Maul-TTouch, Ohren-TTouch, Aufgerollte-Python-TTouch, Lecken der Kuhzunge	Körperband, Brett, Training mit Plastikfolie
... zieht beim Führen und lässt sich schlecht anhalten.	Ohren-TTouch, Liegender-Leopard-TTouch	Eleganter Elefant, Labyrinth, Brieftaube
... steht nicht still beim Putzen, beim Schmied oder Tierarzt.	Den Pferdekopf senken, Beinkreise	Eleganter Elefant, Dingo
... knirscht beim Reiten mit den Zähnen.	Maul-TTouch, Ohren-TTouch, Wolken-Leopard-TTouch am Hals, Liegender-Leopard-TTouch am Rücken	Stern
... ist kopfscheu, sträubt sich gegen das Aufhaltern und Auftrensen.	Maul-TTouch, Ohren-TTouch, Pferdekopf senken, Liegender-Leopard-TTouch	Stern
... schlägt beim Reiten mit dem Schweif.	Schweif-TTouch, Liegender-Leopard-TTouch an Rücken und Hals, Lecken der Kuhzunge	Stern, Stangen, Labyrinth
... fällt beim Anhalten auf die Vorhand.	Lecken der Kuhzunge, Beinkreise, Rückenheben	Körperband, Dingo, Kamel einen Tipp geben, Labyrinth, Tanzende Kobra
... stolpert oft.	Python-TTouch, Beinkeise	Labyrinth, Stern

Dein Pferd ...	TTouch	Tellington-Bodenarbeit
... hält sich im Rücken fest.	Pferdekopf senken, Bauchheben, Schweif-TTouch, Beinkreise, Lecken der Kuhzunge	Stangen, Labyrinth, Stern
... schnappt oder beißt.	Maul-TTouch	Brieftaube
... lässt sich nicht einfangen.	Maul-TTouch, Ohren-TTouch, Schweif-TTouch	Tanzende Kobra, Delfine schnellen durch die Wellen, Anmutige Kobra
... leidet unter Gurt- oder Sattelzwang.	Python-TTouch, Bauchheben, Pferdekopf senken	Bodenarbeit mit Sattel
... geht nicht ins Wasser.	Pferdekopf senken, verbundene TTouches	Dingo, Kamel einen Tipp geben, Wippe, Training mit Plastikfolie
... lässt sich nicht verladen.	Maul-TTouch, Ohren-TTouch, Beinkreise, Schweif-TTouch	Anmutiger Gepard, Brücke, Wippe
... hat Angst vor engen Durchgängen.	Lecken der Kuhzunge, Schweif-TTouch, Ohren-TTouch, Pferdekopf senken, Maul-TTouch	Anmutiger Gepard, Brücke, Wippe, Training mit Plastikfolie
... hat einen Kolikanfall.	Ohren-TTouch, Bauchheben	
... steht unter Turnierstress.	Liegender-Leopard-TTouch, Ohren-TTouch, Haargleiten Mähne, Python-TTouch, Lecken der Kuhzunge	Labyrinth, Körperband
... ist erschöpft nach einer Anstrengung.	Ohren-TTouch, Lecken der Kuhzunge, Aufgerollte-Python-TTouch	
... ist im Schockzustand z. B. nach einem Unfall.	Ohren-TTouch, Liegender-Leopard-TTouch, Bauchheben, Python-TTouch an den Beinen	
... ist sehr verspannt.	Bauchheben, Aufgerollte-Python-TTouch, Ohren-TTouch	Labyrinth, Stern, Körperband
... ist abweisend und kontaktscheu.	Maul-TTouch, Liegender-Leopard-TTouch an Kopf und Ohren, Aufgerollte-Python-TTouch am Körper	
... hat Muskelkater nach ungewohnter Anstrengung.	Python-TTouch, Aufgerollte-Python-TTouch, Wolken-Leopard-TTouch, Beinkreise, Ohren-TTouch	
... biegt sich schwer in Wendungen.	Lecken der Kuhzunge, Aufgerollte-Python-TTouches am Rumpf	Labyrinth, Stern, Körperband

Carina Gerull

Carina Gerull hat den Practitioner Status 1 für Pferde und wohnt in Bonn in Nordrhein-Westfalen.

WIE LANGE MACHST DU TELLINGTON-TRAINING?
Ich arbeite seit fast zehn Jahren nach der Tellington-TTouch-Methode und habe mich 2015 dazu entschieden, selbst die Ausbildung zum Tellington-TTouch-Practitioner für Pferde zu absolvieren.

WIE BIST DU DAZU GEKOMMEN?
Auf der Suche nach einer achtsamen Art mit Pferden zu sein und sie auszubilden, lernte ich die Methode bei einem Wochenendkurs kennen und war bereits nach zwei Tagen fasziniert von dem neuen Wissen und dem Verständnis für die Tiere.

MIT WELCHEN TIEREN MACHST DU TTOUCH?
Ich arbeite hauptsächlich mit Pferden, unabhängig von Rasse, Alter und Ausbildungsstand. Mittlerweile ist die Tellington-Methode für mich aber weit mehr als eine Art, mit Pferden zu arbeiten – sie bringt Achtsamkeit, Bewusstheit und Vertrauen in den Kontakt mit Pferden, Hunden und Mitmenschen.

WELCHES TTOUCH-ERLEBNIS HAT DICH BESONDERS BERÜHRT?
Mich berühren besonders die Erlebnisse, die dazu führen, dass sich die einzelnen Pferde als Individuen (wieder) verstanden fühlen und mit ihrem Bewusstsein in ihren Körpern ankommen können.

DEIN PERSÖNLICHER TIPP
Folge deiner Intuition und sei achtsam im Umgang mit dir und deinem Partner, deinem Pferd!

„Es war bewegend, wie offen und fein Calli und Emil die Tellington-Methode angenommen haben."

Ela Alper

Ela Alper hat den Practitioner Status 1 für Pferde und lebt in Freiburg in Baden-Württemberg.

WIE LANGE MACHST DU TELLINGTON-TRAINING?
2015 konnte ich die Tellington-TTouch®-Methode das erste Mal unter praktischer Anleitung erleben und begann noch im selben Jahr meine Ausbildung zur Tellington-TTouch-Practitionerin für Pferde, die ich 2018 abschloss.

WIE BIST DU DAZU GEKOMMEN?
Meine Mutter hatte das Buch „Die Linda Tellington-Jones Reitschule“ im Regal und schon mit wenigen Jahren faszinierten mich die Fotos. Später las ich es und war auch von den Geschichten beeindruckt. 2015 durfte ich die Tellington-TTouch-Methode dann in der praktischen Arbeit während eines Praktikums kennenlernen, und mir war schnell klar, dass ich diese Art, mit Pferden und mir selbst umzugehen, behalten wollte.

MIT WELCHEN TIEREN MACHST DU TTOUCH?
Beruflich arbeite ich mit dem TTouch bei Pferden. Um den Menschen den TTouch näher zu bringen, liegen meine Hände auch gerne auf ihnen, so können sie die Wirkung besser verstehen. Privat nutze ich den TTouch gerne an mir und an allen, die ihn haben möchten und mir „unter die Finger kommen“, so auch an z. B. Freunden, Familie, Hunden, Katzen, Wachteln.

WELCHES TTOUCH-ERLEBNIS HAT DICH BESONDERS BERÜHRT?
Wenn beim TTouch alles still und friedlich wird. Es nur noch mich und mein Gegenüber gibt und die Verbindung ganz stark und vertrauensvoll wird. Vor allem der veränderte Pferdeblick, plötzlich dunkel und zufrieden, berührt mich immer sehr.

DEIN PERSÖNLICHER TIPP
Probiere aus, übe, höre deinem Pferd gut zu, nimm es ernst und nutze den TTouch und die Elemente. Nimm eine Einzelstunde oder besuche einen Kurs, wenn du die Möglichkeit dazu hast, um die Methode wirklich zu erfahren und die TTouches spüren zu können. Es ist so ein Geschenk, das uns die Tellington-TTouch-Methode geben kann, nicht nur im Zusammensein mit unseren Pferden, sondern auch im Alltag.

„Achtsam sein für die Details und kleinen Unterschiede, die wir durch sie erzeugen.“

Mara Luna van Well

Luna hat den Practitioner Status 1 für Pferde und lebt in Rösrath in Nordrhein-Westfalen.

WIE LANGE MACHST DU TELLINGTON-TRAINING?
Das erste Mal bin ich 2014 in einem Angie-Kurs mit der Tellington-Methode in Berührung gekommen. Vier Jahre später habe ich dann die Ausbildung zum Practitioner angefangen, die ich 2021 abgeschlossen habe.

WIE BIST DU DAZU GEKOMMEN?
Als Jugendliche hat mich dieser besondere Weg begeistert mit Tieren in Verbindung zu gehen. Während der Ausbildung von Hadbah, meinem kleinen Araber, war schnell klar, dass ich alle Werkzeuge der Tellington-Methode lernen möchte.

MIT WELCHEN TIEREN MACHST DU TTOUCH?
Es ist einfach schön bei jedem Tier die Wirkung von TTouch zu spüren, egal ob Pferd, Katze, Hund, Huhn oder Schildkröte. Am häufigsten liegen meine Hände sicherlich auf Hadbah.

WELCHES TTOUCH-ERLEBNIS HAT DICH BESONDERS BERÜHRT?
Einer der schönsten Momente beim TTouchen ist, wenn es sich das Tier, nach anfänglicher Skepsis, gemütlich macht, hinlegt oder den Schwerpunkt umsortiert, um weiter meinen Händen zu lauschen.

DEIN PERSÖNLICHER TIPP
Einfach ausprobieren – gerade auch auf dem eigenen Körper. Es ist sehr wertvoll, eine Idee dafür zu bekommen, wie sanft und tiefgehend sich TTouches anfühlen und welche Wirkungen sie haben können. Probiere es einfach bei Tieren in deiner Nähe aus, wann immer sie deine Hände zulassen. Schau dich nach Tellington Practitionern um, die dir ein Gefühl für die Technik geben können und die dir von ihren Erfahrungen berichten.

„Emil hat auf seine wunderbar sanfte Art gezeigt, wie schön und wesentlich es ist, in Verbindung zu kommen."

Relana Beck

Relana hat den Practitioner Status 3 und lebt in Siegen in Nordrhein-Westfalen.

WIE LANGE MACHST DU TELLINGTON-TRAINING?
Seit über 20 Jahren.

WIE BIST DU DAZU GEKOMMEN?
Ich habe mich im Rahmen meines Studiums der Sportwissenschaften mit Körperarbeit bzw. mit tiergestützter Therapie beschäftigt. Der Zugang zu Pferden mit der Tellington-Methode hatte mich schon lange fasziniert und wie Menschen darüber auch einen Zugang zu sich selbst finden können, berührt(e) mich immer wieder aufs Neue.

MIT WELCHEN TIEREN MACHST DU TTOUCH?
Mit Pferden, Hunden, Katzen, Hühnern, Kaninchen, Eseln, Ziegen, ...

WELCHES TTOUCH-ERLEBNIS HAT DICH BESONDERS BERÜHRT?
Mir ist ein Pferd begegnet, das als Fohlen in ein Feuer geraten war. Seine Vorderbeine waren seitdem nackt, rosa und vernarbt und fühlten sich unangenehm kühl und leblos an. Tägliche Massagen belebten die Beine immer nur für einige Minuten. Es hatte kein gutes Körpergefühl und stieß sich häufig blutig, wogegen es einbandagiert wurde. Im Umgang war der Wallach sehr schwierig, er trat z. B. gezielt nach Menschen.
Nach vorbereitenden Übungen ttouchten wir seine Beine drei Wochen lang zweimal am Tag für einige Minuten. Das Narbengewebe fühlte sich nach wenigen Tagen bereits lebendiger an und dauerhaft körperwarm. Er riss sich nun die Bandagen von den Beinen, so dass er sie nicht mehr tragen konnte, aber er verletzte sich auch weniger und wurde immer geschickter, motivierter und zugewandter. Nach drei Monaten wuchs aus der rosa Haut, auf der jahrelang kein Fell gewachsen war, ein dünner Flaum. Das war wie Magie – und das Pferd wurde auf den Namen „Magic“ umgetauft. Magic ist heute lebensfroh, handle- und reitbar.

DEIN PERSÖNLICHER TIPP
Oft ist, was unspektakulär und wenig scheint, das, was tiefe Veränderung bewirkt.

„Mit TTouch kann man nichts falsch machen, aber so viel richtig.“

Skara Günther

Skara hat den Practitioner Status 2 für Pferde und lebt in Eschlkam in Bayern.

WIE LANGE MACHST DU TELLINGTON-TRAINING?
Die Ausbildung zur Tellington-Practitionerin habe ich 2014 begonnen. 2018 überreichte mir Linda die Urkunde zum Practitioner 2, aber schon vorher interessierte ich mich für die Tellington-Methode und wendete die Techniken an.

WIE BIST DU DAZU GEKOMMEN?
Tatsächlich kam ich als Jugendliche über eine Pferde-Roman-Reihe in Kontakt. Das hat mich so fasziniert, dass ich viele Bücher und Videos von Linda studierte und die Techniken mit den Pferden in meinem Umfeld ausprobiert habe. Nach meiner Pferdewirtausbildung habe ich mich dann in die Tellington Practitioner-Ausbildung gestürzt.

MIT WELCHEN TIEREN MACHST DU TTOUCH?
Am meisten nutze ich den TTouch bei den Pferden und bei meinem Hund. Aber grundsätzlich ttouche ich gerne alle Tiere, von der Kuh bis zur Schildkröte.

WELCHES TTOUCH-ERLEBNIS HAT DICH BESONDERS BERÜHRT?
Ich habe lange über diese Frage nachgedacht, aber für mich gibt es nicht das eine besondere Erlebnis. In meiner Erinnerung gibt es so viele besondere TTouch-Momente, in denen Tiere mir ihr Vertrauen zeigten, in denen Heilung möglich wurde oder eine neue tiefe Verbindung zwischen Mensch und Tier entstand. Oft sind es die kleinen, unspektakulären Momente aus tiefer Verbindung, die mich am meisten berühren.

DEIN PERSÖNLICHER TIPP
Vertraut eurer Intuition. Lernt etwas über die Techniken und traut euch, sie anzuwenden. Schaut genau hin, was euer Tier euch antwortet, und reagiert darauf, so könnt ihr Stück für Stück eure Techniken verfeinern.

„Was mich immer tief berührt, ist die tiefe Verbindung, die durch die Tellington-Methode entsteht.“

SERVICE

Danksagung

An erster Stelle danke ich meiner Lektorin Gudrun Braun, ohne die dieses Buch – und auch viele Projekte vorher – nicht entstanden wären. Gemeinsam mit meiner Assistentin Kirsten Henry hat sie maßgeblichen Anteil daran, dass dieses schöne Buch in deinen Händen liegt.
Mein großer Dank geht also auch an Kirsten Henry, die die Tellington-Methode schon so lange begleitet und mitprägt – Danke, liebe Kirsten.
Ich danke allen Menschen beim KOSMOS-Verlag: Seit 30 Jahren erscheinen meine Bücher bei KOSMOS und ich bin sehr glücklich, dass meine Ideen für Menschen, Pferde, Hunde, Katzen und alle Lebewesen in deutscher Sprache erscheinen.
Mein Dank gilt an dieser Stelle auch Almuth Sieben, die so viele Jahre beim KOSMOS-Verlag mitgewirkt hat.
Mein herzlicher Dank geht an Wiltrud Heine: Wir konnten die Fotos in der wunderschönen Eulenmühle aufnehmen und die großartigen Pferde von Wiltrud und ihren Einstellern haben einen enormen Beitrag dazu geleistet, dass das Buch so schön geworden ist: Caligula (Calli), Cantinero, Emil, Loti, Moonman und Rhodius.
Vielen Dank für die Mithilfe geht an Carina, Ela, Luna, Relana und Skara – ohne euch wäre das Buch nicht so vielfältig geworden. Ohne den Einsatz von Bibi Degn hätten wir dieses tolle Team nicht zusammenbekommen: Danke dir, liebe Bibi.
Anna Auerbach hat die wunderschönen Fotos gemacht: Du warst mit so viel Gefühl, Ausdauer und Kompetenz dabei – dir gilt mein größter Dank und Respekt.
Katrin Kleinschrot hat das Buch mit viel Herz und Verstand gestaltet und optisch zu dem gemacht, was es ist: Ein vielfältiger und inspirierender Einstieg in das Tellington-Training für Pferde.
Ich möchte auch meinem Mann Roland Kleger für seine Aufmerksamkeit, Unterstützung und kreativen Konzepte danken; er möchte wie ich mit jedem TTouch die Welt ein wenig zum Besseren verändern.
Nicht direkt genannt werden können Tausende Pferde und ihre Besitzer sowie alle Tellington TTouch Practitioner, die in 28 Ländern arbeiten. Ohne sie würde es „TTouch around the world“ nicht geben.
Dieses Buch widme ich allen genannten und ungenannten Pferdefreunden rund um den Globus.

Nützliche Adressen

TELLINGTON-TRAINING WELTWEIT

Deutschland
www.tellington-methode.de
E-Mail: vorstand@tellington-methode.de
Tel.: 030 – 375 818 70

TTouch for You
Karin Petra Freiling
www.ttouchforyou.de
E-Mail: info@ttouchforyou.de
Tel.: 0 64 71 – 98 57 11

Österreich
www.tellington.at
www.ttouchforyou.at
E-Mail: office@tellington.at

Schweiz
www.tellington-ttouch.ch
E-Mail: vorstand@tellington-ttouch.ch

Niederlande
www.tteam-ttouch.nl
www.tellingtonttouchtraining.nl

Großbritannien
www.ttouchtteam.co.uk
Frankreich
www.tellington-ttouch.fr

Italien (Pferd)
www.tellingtonttouchtraining.it

Niederlande und Belgien
www.tteam-ttouch.nl
www.tellingtonttouchtraining.nl

Slowenien
www.ttouch-slo.com/
www.ranckajaingrom.com

Schweden
E-Mail: Christina Drangel: jmpette@ibm.net

Spanien
E-Mail: Bibi Degn: bibi@tteam.de

USA
Linda Tellington-Jones
www.ttouch.com

Kanada
www.ttouch.ca

Südafrika
www.ttouch.co.za

Zum Weiterlesen

BÜCHER UND DVDS VON LINDA TELLINGTON-JONES

Tellington-Jones, Linda/Taylor, Sybil: **Die Persönlichkeit Ihres Pferdes**, Die Kunst, Charakter und Temperament zu erkennen und positiv zu beeinflussen; KOSMOS 2013
Mensch und Pferd sind beide Individuen mit eigener Persönlichkeit – daher passt nicht jedes Pferd auch zu jedem Reiter. Linda Tellington-Jones zeigt, wie man anhand von Körpermerkmalen Typ, Temperament und Charakter des eigenen Pferdes erkennt und stärkt.

Tellington-Jones, Linda: **Die Persönlichkeit Ihres Pferdes DVD**, Die Kunst, Charakter und Temperament zu erkennen und positiv zu beeinflussen; KOSMOS 2008
Linda Tellington-Jones hat eine einzigartige Herangehensweise entwickelt, wie Charakter und Persönlichkeit eines Pferdes anhand körperlicher Merkmale zu erkennen sind und stellt dies in diesem Film anhand verschiedener Ponys und Pferde vor.

Tellington-Jones, Linda mit Andrea Pabel: **Pferde ausbilden mit dem Tellington Training**, TTouch, Bodenarbeit, Reiten; KOSMOS 2012
Linda Tellington-Jones stellt in diesem Ratgeber pferdegerechte Trainingskonzepte für Jung- und Problempferde vor. Die einzelnen Ausbildungsschritte werden übersichtlich und mit vielen Bildfolgen dargestellt: Tellington-TTouches, praktische Lektionen und behutsames Anreiten. Hierbei bringt sie ihre jahrzehntelange Erfahrung ein, um eine harmonische Bindung zwischen Mensch und Pferd zu schaffen.

Tellington-Jones, Linda: **Reiten nach der TTEAM-Methode DVD**; KOSMOS 2008
Der Film bietet einen umfangreichen Überblick: Von der Arbeit mit dem Balancezügel bis zum Training mit der Wippe werden auf dieser DVD alle Bestandteile der Tellington-Methode vorgeführt und erläutert.

Tellington-Jones, Linda/Lieberman, Bobbie: **Tellington-Training für Pferde**; KOSMOS 2018
In diesem Lehr- und Praxisbuch stellen die Autorinnen neue Ausbildungswege an schwierigen Pferden dar. Hierbei bringen sie ihre jahrzehntelange Erfahrung ein, um eine harmonische Bindung zwischen Mensch und Pferd zu schaffen.

Tellington-Jones, Linda: **Tellington-TTouch für Pferde**, Pferdegesundheit kompakt; KOSMOS 2023
Die positive Wirkung der Tellington-TTouches auf die Gesundheit, das Wohlbefinden und das Verhalten von Pferden sind weltweit erprobt und nachweisbar. Hier findet jeder Reiter schnell und übersichtlich den richtigen TTouch zum Symptom oder Problem. Linda Tellington-Jones zeigt Schritt für Schritt, wie die TTouches funktionieren.

Tellington-Jones, Linda: **Basis-TTouches für Pferde**, Kurzanleitung & Anwendung; KOSMOS 2019
Die positiven Wirkungen der Tellington-TTouches auf die Gesundheit, das Wohlbefinden und das Verhalten von Pferden sind weltweit erprobt und nachweisbar. Mit diesem übersichtlichen Ratgeber lernt jeder Reiter schnell, wie die 20 wich-

tigsten TTouches richtig angewendet werden. Zusätzlich enthält der Band Tipps für TTouch-Anwendungen bei Mensch und Hund.

Tellington-Jones, Linda: **TTEAM-Bodenarbeit DVD**; KOSMOS 2007
Mit der Bodenarbeit von Linda Tellington-Jones kann das Pferd auf feinste Signale eingestimmt werden, es wird schonend und vielseitig gefördert und Mensch und Pferd wachsen zu vertrauensvollen Partnern zusammen. Die DVD bietet einen umfangreichen Überblick über die Möglichkeiten und Techniken der Tellington-Bodenarbeit.

Tellington-Jones, Linda/Taylor, Sybil: **TTouch for You!**, Gesundheit und Wohlgefühl mit dem Tellington-TTouch; KOSMOS 2018
Die Erfolgsmethode, angewendet beim Menschen. Der Tellington-TTouch mit seinen sanft kreisenden, hebenden und streichenden Berührungen als erfolgreicher Weg, sich selbst und anderen zu helfen. Auch als EBook erhältlich!

Newsletter Tellington special
Das Telington-Magazin mit aktuellen Themen für Mensch und Tier
Abo-Service: abo.ts@tteam.de

Tellington-Training Online
Die Online-Reitschule, wehorse.de
Online Learning, ttouch.ca, in englischer Sprache

Linda Tellington-Jones: **Tellington-Training für Hunde** mit DVD, Das Praxisbuch zu TTouch und TTEAM; KOSMOS 2010
Fördern Sie die Intelligenz Ihres Hundes auf neue Weise! Linda Tellington-Jones zeigt Ihnen in ihrem Praxisbuch, wie Sie die Fähigkeiten, die Gesundheit und das Wohlbefinden Ihres Hundes mithilfe des Tellington-Trainings erfolgreich steigern. Starten Sie eine neue Form der Kommunikation mit Ihrem Hund.

WEITERE BÜCHER

Klimke, Ingrid/Klimke, Reiner: **Cavaletti – Dressur und Springen**; KOSMOS 2018
Dieser Ratgeber zeigt die Cavaletti-Arbeit an der Longe, liefert wertvolle neue Anregungen für die Dressurarbeit sowie zahlreiche aktualisierte Aufbauskizzen für die Springgymnastik. Neben der Gymnastizierung des Pferdes und der damit verbundenen Verbesserung der Gangarten bringt Cavaletti-Arbeit Spaß und Abwechslung in den Trainingsalltag.

Klimke, Ingrid/Klimke, Reiner: **Grundausbildung des jungen Reitpferdes**, Dressur, Springen, Gelände; KOSMOS 2019
Jedes Pferd, ob es im Sport oder in der Freizeit geritten wird, braucht eine solide und fundierte Grundausbildung, damit es seine Aufgaben unter dem Reiter zuverlässig und motiviert erfüllen kann. Der Longseller, jetzt vollständig überarbeitet und neu bebildert.

Ochsenbauer, Ute/Schmidtlein, Beate: **Fohlen und Jungpferde**, halten, erziehen, fördern; KOSMOS 2021
In diesem Ratgeber erfahren Pferdehalter, wie man das richtige Maß zwischen Freiheit und Förderung hält, in welchem Alter Jungpferde am besten lernen und was sie wann können sollten – mit wichtigen Tipps zur artgerechten Haltung und Fütterung sowie persönlichen Erfahrungen der Autorinnen.

Savoie, Jane: **Positiv denken – erfolgreich reiten**, Mit Mentaltraining zum persönlichen Sieg; KOSMOS 2009
Drill und Anstrengung beim Reiten?
Die moderne Sportpsychologie setzt auf mentales Training und Visualisierung, um die reiterlichen Herausforderungen zu meistern. Das Praxisbuch erklärt Schritt für Schritt, wie diese alternativen Methoden zum schnellen Erfolg führen.

Register

BILDNACHWEIS

Mit 234 Farbfotos von Anna Auerbach/KOSMOS und
14 Farbzeichnungen von Cornelia Koller und
1 Farbzeichung von Jeanne Kloepfer (Seite 14).

IMPRESSUM

Umschlaggestaltung von die basis, Wiesbaden unter Verwendung von 14 Farbfotos von Anna Auerbach/KOSMOS.

Mit 234 Farbfotos und 15 Farbzeichnungen

Alle Angaben und Methoden in diesem Buch sind sorgfältig erwogen und geprüft. Sorgfalt bei der Umsetzung ist jedoch geboten. Verlag und Autorin übernehmen keinerlei Haftung für Personen-, Sach- oder Vermögensschäden, die im Zusammenhang mit der Anwendung und Umsetzung entstehen könnten.

Gedruckt auf chlorfrei gebleichtem Papier

ISBN 978-3-440-17532-3
Redaktion: Gudrun Braun
Gestaltungskonzept: GRAMISCI Editorialdesign/Cornelia Sekulin
Gestaltung und Satz: Katrin Kleinschrot, Stuttgart
Produktion: Claudia Frank
Druck und Bindung: Westermann Druck Zwickau GmbH, Zwickau
Printed in Germany / Imprimé en Allemagne

FSC www.fsc.org MIX Papier aus verantwortungsvollen Quellen FSC® C110508